你只是看上去
会思考

［日］深泽真太郎——著　富雁红——译

徹　底　的　に
数　字　で　考　え　る　。

古吴轩出版社

图书在版编目（CIP）数据

你只是看上去会思考 / (日) 深泽真太郎著；富雁
红译. -- 苏州 : 古吴轩出版社, 2022.1
ISBN 978-7-5546-1858-5

Ⅰ.①你… Ⅱ.①深… ②富… Ⅲ.①思维方法
Ⅳ.①B804

中国版本图书馆CIP数据核字(2021)第250134号

责任编辑： 胡敏韬
见习编辑： 羊丹萍
装帧设计： YOOLI尧丽

书　　名： 你只是看上去会思考
著　　者： [日]深泽真太郎
译　　者： 富雁红
出版发行： 古吴轩出版社
　　　　　　　地址：苏州市八达街118号苏州新闻大厦30F　　邮编：215123
　　　　　　　电话：0512-65233679　　　　　　　　　　　传真：0512-65220750
出 版 人： 尹剑峰
印　　刷： 天津旭非印刷有限公司
开　　本： 880×1230　1/32
印　　张： 6
字　　数： 97千字
版　　次： 2022年1月第1版　第1次印刷
书　　号： ISBN 978-7-5546-1858-5
著作合同
登 记 号： 图字10-2021-550号
定　　价： 49.80元

如有印装质量问题，请与印刷厂联系。022-22520876

前　言

思维习惯能够改变一个人

感谢你拿起这本书。让我们直奔主题。我相信你迄今为止一定参加过与商业相关的讲座，或者为了学习而购买过书籍。事实上，现在有很多书籍和讲座都在介绍关于提高工作效率和自身能力的方法。

那么，我想问你一个问题："这些书籍和讲座真的让你在工作中取得成果了吗？"迄今为止，我写过很多商业类书籍，而且每年都要举办几十场企业培训和商学院讲座。

正因为抱有"想提高工作能力""想在工作中取得更多的成果"等愿望，大家才会利用宝贵的时间去看书、参加讲座。虽然身处商业培训最前沿的我这样说不太合适，但我仍然不得不说一句："仅靠这些是不可能取得成就的。"

为什么这么说呢？因为社会上那些铺天盖地的对策和方法论

并不能解决本质问题。比如，当你将思考能力作为目标时，你可以通过书籍和讲座去学习思考方式，但你却无法获得思考能力。只有在学习之后养成良好行为习惯的人，才能获得思考能力。所以，思考能力的本质是思维习惯。

"数字思维"可以让你获得一切

我希望大家养成"数字思维"的习惯。关于数字思维的好处，我将在本书的第一章详细说明，在这里，我先给大家列举几种好处：

- 大大提高解决眼前问题的可能性

- 逻辑思维能力获得质的飞跃

- 发表演讲时有说服力，可信度得到提升

- 无论面对上司、下属还是客人，你都能拥有打动对方的力量

- 大大减少因刚愎自用而做出错误判断的可能性

- 工作能力和效率得到大幅度提升

我把这些好处全都汇总起来，用工作的"质量"来表示。如果能将本书的主旨——"数字思维"变成一种思维习惯，你的工作质量一定会出现让人难以置信的质的飞跃。

为什么我可以如此笃定地这样说？迄今为止，我在教育培训现场见到过不下万人的职场人士。这些成绩斐然之人，也就是工作质量很高的人，到底有什么能力？在深入研究后，我找到了明确的答案。下面三个等式就是全部的答案：

· 工作质量 = 思考的质量

· 思考质量高 = 用数据进行思考

· 用数据进行思考 = 养成了数字思维习惯

这些人的共同点是，具备数字思维的能力。也就是说，本书所传达的东西，他们不仅了解，而且已经在工作中养成了习惯。

由此可见，我们只需要拥有彻底的数字思维习惯就足够了。做到这一点，你的职业能力会提高不只一星半点，而且可以形成压倒性优势。

在用事实说话的时代，更需要驾驭数据的能力

我们倡导彻底的数字思维，不仅是为了在工作中有所建树，未来的时代更需要我们拥有驾驭数据的能力。

我们已经进入了一个用事实说话的时代，所以我们需要通过

数据准确地解读世界。

如今，任何人都可以轻松地获取数据和信息。在这个时代，人们需要的是调查数据、检验事实的能力，而不是那些故步自封的预测未来的能力。

的确如此。但令人遗憾的是，很多人都止步于"的确如此"的感叹。请不要止步，试着往前走一步，你将形成以数据为基础的思维习惯。

平时不善于用数据进行思考的人，无论有多少量化信息和事实数据摆在眼前，他们都无法解读并熟练运用它们。如果做不到"用数据进行思考"，有些人就无法正确地理解现状，就容易在工作中故步自封。只要养成了数字思维习惯，这一切就能迎刃而解，我对此十分肯定。

在用事实说话的时代，"数字思维"是必要且唯一的思维方式。

无论对那些自认为不擅长使用数据的人，还是想更好地运用数据的人，或是那些想要使用数据进行思考的人，这本书都能满足他们的学习和实践需要。虽然你觉得自己不擅长使用数据，但只要你懂得加减乘除四则运算，就没有问题。如果这本书能对你的工作和人生有所裨益，作为作者，我将不胜欣喜。

深泽真太郎

目／录
CONTENTS

前言   I

• 第一章

什么是真正的"会思考"：数字思维初步

会思考就是具备数字思维	003
会思考的优势：数字思维的好处	005
好处一：提高解决问题的能力	005
好处二：增强演讲的说服力	007
好处三：用事实说话，增强信赖感	009
三种好处殊途同归	013
什么是"会思考"："数字思维"概述	015
数字就是语言	015
"使用数字"和"数字思维"	018

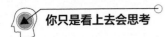

懂得四则运算就可以　　　　　　　　　　020

本节练习　　　　　　　　　　　　　　　023

数字思维 = 定义 × 计算 × 逻辑思维　　　024

如何会思考：数字思维的基本方法　　028

基于事实，降低犯错的可能性　　　　　028

基于假设，量化问题　　　　　　　　　030

获得调动人、财、物的能力　　　　　　033

本章小结　　　　　　　　　　　　035

• **第二章**
会思考的人如何拆解复杂问题：基于事实

会思考的人能用数据说明原因　　　041

你能根据结果说明原因吗　　　　　　　041

为什么你无法从结果推导出原因　　　　042

会思考的人不会被数据淹没　　　　044

"明明有数据却不知如何使用"综合征　044

被"数据的海洋"淹没之人　　　　　　045

会思考的人善于提前做准备　　　　051

顾客满意度达到 90% 的数据技巧　　　052

数值分析的基础是分解　　　　　　　　056

如何寻找趋势数据和异常数据　　　　　　　　　060

会思考的人善于运转 PDCA 循环　　　　　　　065

为何 PDCA 循环运转不起来　　　　　　　　　　065

"不运转"和"不会运转"　　　　　　　　　　　068

"不会运转"的人忽视的事　　　　　　　　　　069

会思考的人勇于建立假设　　　　　　　　　　073

要有做出决定的勇气　　　　　　　　　　　　　073

舍弃"综合因素"这个词　　　　　　　　　　　076

以事实为基础进行工作　　　　　　　　　　　081

• 第三章
如何成为会思考的人：数字思维进阶

成为会思考的人　　　　　　　　　　　　　　089

要有数学式思维　　　　　　　　　　　　　　　089

将"需要多少"转换成数据　　　　　　　　　　090

拿到"烹饪数字"的"厨具"　　　　　　　　　092

会思考的人擅长运用百分比　　　　　　　　094

几何平均数　　　　　　　　　　　　　　　　　094

计算现在价值和未来价值　　　　　　　　　　100

会思考的人具备"数学式视点"　　　　　　105

AB 测试：将增量进行量化   105

灵敏度分析   110

会思考的人擅长统计方法   117

标准差   117

相关系数   124

会思考的人擅长模型化   131

单因素回归分析   131

盈亏平衡点分析   138

会思考的人善于"烹饪数据"   145

· 第四章
如何解决没有正确答案的问题：基于假设

基于假设进行思考   149

如何面对"我不知道"的问题   149

做 AI 做不到的计算   151

用粗略的数据来回答即可   153

没有正确答案的练习   155

实践训练：基于假设进行思考   159

定义→根据直觉进行假设→计算   159

假设练习一：那家店赚钱吗   162

假设练习二：如何量化公司氛围　　　166

假设练习三：工作一年的经济效益　　　170

用数字说话　　　175

后记　　　177

第一章

什么是真正的"会思考"：
数字思维初步

要思考。调查、探究、提问、深思熟虑。

——华特·迪士尼（1901—1966），美国动画大师、迪士尼公司创始人

会思考就是具备数字思维

请你想象一下。

有一位销售人员正在向你推销商品，比如保险或投资性商品。你最想从销售人员那里听到什么呢？你最想知道的信息是什么呢？

应该是"商品的好处是什么"，对吧？

比起价格或与其他商品的差异等因素，你更想知道拥有这件商品对你的人生有什么好处。这种坦率的想法很正常。

如果人们不知道某种东西对自己有什么好处，他们是不会买的。同样，如果你在不知道某件事对自己有什么好处的情况下，就被命令去做这件事，你也是不情不愿的。

很多关于自我启发的书上都写有"不要考虑利弊，首先要

努力做好眼前的事"等观点。我认为的确应该如此，但遗憾的是，人们并不能做到这一点。

尤其是职场人士，他们在做出判断之前，考虑得最多的就是"这件事的好处是什么"。比如，导入新系统的好处是什么？录用一位有经验的员工的好处是什么？组织旨在提高数据能力的培训有什么好处？

我的开场白似乎有些冗长。

我想说的是，我们首先要一起确认一下数字思维的好处是什么。也许你已经有了自己想象中的答案。即便如此，也请允许我把数字思维对职场人士的必要性重新用文字梳理一下吧。我的结论是，数字思维有三种好处。接下来我将逐一说明。

会思考的优势：数字思维的好处

好处一：提高解决问题的能力

首先来看第一种好处，用一句话概括就是：可以帮你解决问题。

举个例子，假设你的公司存在以下几个有待解决的问题：

问题 1：为了达成 1 亿日元的销售额，公司需要花多少广告宣传费？

问题 2：明年录用多少应届毕业生比较合理？

问题 3：怎样才能提高新业务的销售额？

如果你在企业里工作，类似这种需要解决的问题一定堆积如山。能否解决这些问题，直接关系到你的成就和别人对你的

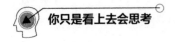

评价。

解决问题的过程大致可以分解为两种行为：

·发现问题

·解决问题

也就是说，解决问题的方式如下：

解决问题的过程（100%）＝发现问题（50%）＋解决问题（50%）

这里将解决问题的过程分解成两部分是有原因的。

在解决问题的过程中，真正"解决问题"的工作只占整体的 50%，另外 50% 是"发现问题"的工作。

我认为，发现不了问题的人永远解决不了问题。这一点非常重要。

因为有一半的问题都是"尚未成为问题的问题"。

以前面提到的三个问题为例。

这些问题看起来都与数字思维有关，但是，其中一个问题与其他两个问题属于不同的种类，那就是问题 3——怎样才能提高新业务的销售额？

问题 1 和问题 2 是很明确的求数值的问题，而问题 3 则不同。问题 3 的答案不是具体的数值，而是"怎样"。这是一道没有明确答案的主观问题。

企业需要解决的问题，通常以问题 3 这一类问题为主。

我们面对这些"尚未成为客观问题的主观问题"时，要做的就是"把要解决的问题具体化"。

拿问题 3 来说，我们必须将销售额无法提高的原因具体化，明确是客流量因素还是定价因素等。

如果销售额无法提高的原因是客流量较少，我们就需要先确定如何增加客流量以及增加多少客流量，再采取能够增加客流量的方法。

像这种用数据进行思考的行为，有助于我们在模糊状态中发现问题并解决具体的问题。关于这些内容，我们将在第二章深入探讨。

好处二：增强演讲的说服力

接下来看第二种好处，用一句话概括就是：能让你身上散发出可以增强说服力的"香味"。

由于工作关系，我为很多企业和商学院进行过培训。当我

问学员"你为什么要参加这个培训"的时候，大多数人都会回答："我的建议缺乏说服力，提案没有被通过。我感觉这个培训主题很好，所以就来学习了。"

我也有过同样的烦恼。

我们可以回想一下自己过去在这方面的实际经历。实际上，在职场上，只要引用数字，你的表达效果就会发生质变。请比较一下这两种说法：

说法1：今年需要1000万日元广告宣传费。我们会努力提高成本效益。

说法2：本公司近三年来，每1日元的广告宣传费实现的销售额分别是7日元、8日元、9日元，销售额的成本效益逐年稳步提升。今年公司将每1日元实现的销售额目标设定为10日元，年度销售计划为1亿日元，因此，今年需要1000万日元广告宣传费。

显而易见，说法2能够更有效地推进工作。

商业社会是一个需要不断说服别人的社会。说服别人靠的既不是热情，也不是表达方式，而是基于逻辑的不可推翻的事实。这种不可推翻的事实，要通过数字思维，也就是用数据来证明。

在商业社会中，说服力是强大的武器，直接关系到你的成就和别人对你的评价。

我认为这种说服力就像"香味"一样。

有人认为"有香味的男性会很受欢迎"，估计很多女性也同意这种看法。但是，仔细想想，那个男人无论身上有没有香味，他的相貌和性格都是不变的。尽管如此，这种"香味"依然会使别人对他的评价发生变化。

"有说服力的演讲"和"没有说服力的演讲"到底有什么区别呢？一言以蔽之，就是"用数据进行演讲"和"不用数据进行演讲"的区别。

这种区别就像"有香味的男人"和"其他方面都类似但身上没有香味的男人"之间的差异。在现实中，这种区别即使不明显，也很可能会影响事情的进展。

希望你也能让自己散发"香味"。

好处三：用事实说话，增强信赖感

最后来看看第三种好处。这种好处用一句话概括就是：能够让你得到信任。

为什么拥有数字思维的职场人士能够得到大家的信任？很多人听了这句话可能会感叹"的确，好像是这样"，但就没有后续了。在此我想好好分析一下这个问题。

我先问问大家，你知道下面这本书吗？

2019 年，《用事实说话》（*Factfulness*）[①]一书在日本发售，成为商业书籍中的畅销书。

作为新时代的职场人士，我们一定要读一读这本书。

用一句话来概括这本书的内容就是："在未来的世界里，以事实（数据）为基础进行思考和交流将成为（人们必备的）常识。"

这是一个通过调查就可以获得信息的时代，现在的人很容易就能查到各种数据。也就是说，如果我们在探讨问题时固执己见或仅凭主观臆断，"谎言"很快就会被揭穿。

比如，在媒体上或培训现场，如果我没有进行详细的调查，就发表"日本的少年犯罪正在增加"的言论，很多确实看到或听到过各种恶劣的犯罪新闻的人，很可能就会表示认同："嗯，

[①] 原书作者为汉斯·罗斯林（Hans Rosling）等，日文版书名直译为《用事实说话》，由日经 BP 社出版。

还真是这样。"

但是，我们经过调查后发现，事实（数据）完全不是这样的。这样的例子数不胜数。

实际数据表明，少年犯罪率相比往年非但没有增加，反而减少了很多（见图1.1）。

①刑事犯

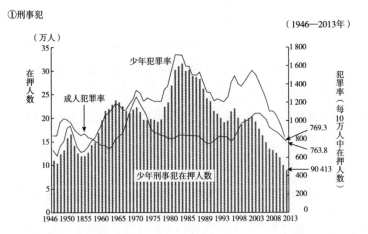

②一般刑事犯

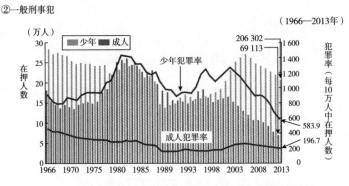

图1.1 少年刑事犯、少年一般刑事犯在押人数和犯罪率的变化

注：

1. 数据源于日本警察厅的统计、日本警察厅交通局的资料以及日本总务省统计局的人口资料。

2. 按照犯罪发生的年龄进行统计。逮捕时已年满 20 周岁[①]的，计入成人数据。

3. 包括教唆少年犯罪的人员数据。

4. 1975 年及以后因驾驶过失致死伤而触犯法律的少年未计入其中。

5. "少年犯罪率"是指每 10 万名少年中 10 岁以上的刑事犯和一般刑事在押人数，"成人犯罪率"是指每 10 万名成人中刑事犯和一般刑事在押人数。

资料来源：《少年刑事犯在押人数与犯罪率变化》《犯罪白皮书》，2014 年版。

如果我们不以事实（数据）为依据做判断，就很容易被人认为是"骗子"。而且，不做调查便信口开河的人，其言论以后也会失去可信度。

让我们从另一个稍微不同的角度再来谈一谈。

我在对职业运动员和教练员进行培训时，从中了解到各种

---

① 日本宪法规定，满 20 周岁的公民为成年人，拥有选举权和被选举权。2018 年 3 月，日本通过《民法修正案》，将法定成年年龄下调至 18 岁。新的《民法修正案》将于 2022 年 4 月 1 日起正式实施。

各样的事情。现在的体育界也需要用数据来制订战略。

你应该在电视上见过这样的场景：在排球比赛中，教练一边拿着平板电脑看着数据，一边做出指示。

在看足球比赛转播时，我们也能清晰地看到两队的持球率、球员的移动距离等数据信息。这真是让人惊叹。

不以事实（数据）为基础进行指导，只知道对球员怒吼"你跑得不够快"的教练，估计也快要收拾行李离队了吧。

一言以蔽之，一个不能紧跟时代的职场人士，是无法获得大众信赖的。

当今世界到底处于怎样的时代呢？

这是一个一切都以事实（数据）为基础来探讨事物的时代。

数字思维并不是指会做数学题和计算题，而是要以数据为基础进行思考。我们需要认真地把握事实真相，再进行思考。

如果我们以事实（数据）为依据进行思考，自然而然就会让人产生信赖感。这无疑直接关系到你的成就和别人对你的评价。

三种好处殊途同归

职场人士为什么需要有数字思维呢？

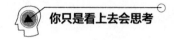

答案就是前面说过的三种好处，我在此重新强调一下：

· 提高解决问题的能力

· 增强演讲的说服力

· 用事实说话，增强信赖感

不知道大家是否注意到，在上述三节的讲解中，有一句话是通用且一致的。为了避免你们重新返回前文去查找，我在这里直接给出答案："直接关系到你的成就和别人对你的评价。"

能够解决问题，讲话具有说服力，拥有作为职场人士的信誉，所有这些都直接关系到你的成就和别人对你的评价。

这就是我对前面"职场人士为什么需要有数字思维"这一问题的回答，也是你继续阅读本书将有的收获。

什么是"会思考"："数字思维"概述

数字就是语言

运用数字思维之前先要对其下定义。

为什么要先下定义呢？

要想掌握数字思维，我们必须先明确什么是"数字思维"。

比如，你去参加一个培训会，目的是学习与赚钱相关的内容，但你总觉得讲师讲的内容不太符合主题。这恐怕是你和讲师对"赚钱"的定义不同所致。

所谓定义，就是"明确规定某种概念、内容、词语的意思，并对其进行描述"。

让我们先来做一些练习。

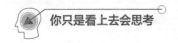

练习 1：请对"会议"进行定义

这个问题并没有唯一的正确答案。请你以自己的方式，自由地运用具体、明确的语言来定义"会议"这个词。我也来试试：

> 会议是指以做出决策和信息共享为目的，将必要的人聚集在一起，在有限的时间内为达成目的而进行交流的活动。

恐怕很多企业没有很好地对"会议"进行定义，这也许就是低效、徒劳的会议层出不穷的原因。

同样的道理，我们要想掌握数字思维，就必须先对"数字思维"进行定义。

估计很多人平时从未考虑过这件事情。但是，只有对平时不去思考的事情进行深入剖析，我们才能不断逼近事物的本质。

言归正传。再来看看下面的练习。

练习 2：请对"数字"进行定义

某企业的销售人员可能会说："数据是我每个月都要去追赶的东西。"

财务部门的一位员工会说："数据是需要我进行整理的东西。"也许是因为他做的是一份连小数点都不能出错的工作。

一位企业家可能会说："数据是一个可以让我得知公司经营状况的东西。"这也许是因为，他最重视的就是公司的运行状态，也即企业的经营状况。很有趣，不是吗？每个人的答案都不一样，也不存在绝对正确的答案。

不过，我想这样对其下定义，以作为所有职场人士都能用的答案："数字就是语言。"

有的人可能认为这个定义很贴切，有的人可能完全摸不着头脑。

我需要在这里解释一下。

举个例子，假设你在便利店购物，当你把要买的东西放到收银台上之后，店员就会挨个扫码，并装袋递给你，然后对你说："一共是 1100 日元。"你付款后便离开了便利店。

在这个大家司空见惯的流程中，存在着人与人之间的交流，虽然只有一次，但这就是把数字作为交流工具的一个瞬间。

再比如，你被任命为公司年会的负责人。你需要寻找备选的酒店，并直接过去和酒店方进行详谈。

酒店方会问你"大概多少人"，"预算是多少"，"想定在什么时候"，等等。

他问这些问题是理所当然的，因为这些都是必须事先了解

 你只是看上去会思考

的、极为重要的信息。这也是将数字作为交流工具的一个典型事例。

由此可见，我们只要想一想平时都会在什么场合使用数字，就会自然而然地把数字定义为一种交流工具。

也就是说，数字就是语言。

"使用数字"和"数字思维"

很多职场人士都会说"我不擅长使用数字"，你或许也是其中之一。但是，通过刚才的定义，我们就能明白这种"不擅长"的真面目。结论就是，没有一个职场人士不擅长使用数字。

为什么这么说呢？因为"数字就是语言"，如果你"不擅长使用数字"，就意味着你"不擅长使用语言"。"不擅长使用语言"到底是什么意思呢？

比如，当你听到上述事例中"1100日元"这个词语时，你会感觉不舒服吗？作为年会的负责人，在和酒店方交流时，你会有"我不擅长处理这件事"的感觉吗？

应该不会。

那么，你到底不擅长什么呢？

不是不擅长使用数字

而是不擅长用数字进行思考

这就是我的分析结果。

其实，你并不是不擅长使用数字，只是不习惯用数字进行思考而已。

"不擅长使用数字"就像你总是不善于使用积极正面的语言，或者不想使用粗俗的语言一样，你只是不习惯数字这种语言。

正如我刚才所说，几乎不存在不擅长使用数字的人。

另一方面，简而言之，"不擅长用数字进行思考"就是"不擅长思考"。重点不在于数字本身，而在于思考。也就是说，只要知道了具体的思考方法，这个问题就迎刃而解了。

如果你认为自己"不擅长使用数字"，请一定好好理解一下这部分内容。

你其实已经和数字相处得很好了。

你并不是不喜欢使用这种语言，只是还没有养成用这种语言进行思考的习惯。

懂得四则运算就可以

听到这样的说法，有人可能会反驳说："虽然你这么说，但我真的很不擅长计算，简直到了令人绝望的程度……"

没错，人们在计算能力方面的确存在个体差异。

在这里，我向大家展示一段我与一位名叫山口（化名）的女士的对话。在一次培训课的休息时间，她来找我咨询。对话有点长，请大家读到最后。

山口：虽然你这么说，但我真的很不擅长计算，简直到了令人绝望的程度……

深泽：令人绝望的程度？（笑）

山口：我可不是在讲笑话，我真的是突然就不会计算了……

深泽：山口女士，所谓数字……是指什么来着？

山口：是语言。

深泽：那么，你认为计算是什么？

山口：嗯？

深泽：数字就是语言。那么，用其进行计算指的是什么呢？

山口：嗯？

深泽：我的答案是文章，是将很多语言组合在一起形成的东西。

山口：文章？

深泽：比如说，利润要怎么计算？

山口：从销售额中扣除费用之类的？

深泽：没错。山口女士，现在你已经写出了一篇题为"从销售额中扣除费用等于利润"的文章。

山口：……

深泽：山口女士，你会加减乘除吗？

山口：嗯，还行吧。

深泽：那就没问题了，职场上需要用到的计算你都能完成。

山口：……

上面说的这种"写文章"的感觉，你现在理解了吗？

当然，在这之后，我在白板上继续为山口女士进行了讲解。

首先，"销售额 – 费用 = 利润"是一个顺理成章的计算公式。

这也是职场上常用的公式之一。其中，利润是"由销售额和费用组合表达的"。而且，这三项内容都属于数字，也就是语言。

把这三个词语组织在一起的行为，不就是"计算"吗？

举个更简单的例子，"商品自身价格＋税额＝总金额"这个计算公式也是把三个词语组织在一起，可以说，这就是日常生活中使用数字写的文章。

再举一个类似的例子：

某企业的人均生产率（日元／人）＝该企业产生的总附加值（日元）÷员工人数（人）

这三个项目所表达的都是数字，也同样是语言。这种公式就是将语言组织起来的文章，也就是计算。

我想表达的意思是，在职场上使用的所谓计算，就是将语言组织起来的文章。

大家在小学期间就做过很多算术练习，解答过很多计算题。我们那时做的计算题可能是这样的：

请进行以下计算：$50 \div 4 \times 2 + 42 \div 7 = ?$

这种计算题就不属于将语言组织起来的计算，因为这里的"50"和"4"等数字并没有具体的意义。

即使把这样的计算题摆在桌面上，顺利计算出来，在职场上也没有任何意义。

但是，前面提到的利润和生产率的计算，对企业来说就有极其重要的意义。

职场人士所做的计算，就是把语言组织在一起，形成文章。实际的数字计算用计算器、电子表格软件、AI（人工智能）来做就可以了。

我们小时候所追求的计算能力，其实就是现在用计算器、电子表格软件、AI 所做的计算。

但是，职场人士所追求的计算能力有所不同。简而言之，就是文章写作能力。写好文章之后，我们只要进行加减乘除四则运算即可。不，甚至不用计算，只要做出指示即可。所以，即使是对数字很头疼的人，也无须担心自己不擅长使用数字。

"数字思维"，任何人都可以获得。

最后简单介绍几个练习。大家需要学会将语言组织在一起，形成文章。作为职场人士，只要写好了文章，计算就完成了99%。

本节练习

问题 1：用来表述营业利润率的文章是什么？

问题 2：用来表述月工作时间的文章是什么？

问题 3：用来表述销售额的文章是什么？

答案 1：营业利润率 = 营业利润 ÷ 销售额

答案 2：月工作时间 =（下班时间 – 上班时间）× 月工作天数 + 总加班时间

答案 3：销售额 = 收款金额 – 退款金额 = 收款 – 退款

数字思维 = 定义 × 计算 × 逻辑思维

话说回来，大家别忘了现在的主题是定义"数字思维"。为此，我们先对"数字"和"计算"进行了定义。我在本书后面还会多次阐述"定义"的必要性，因为我就是个"定义狂人"。

通过本书，我还将向大家介绍对事物进行定义的重要性。但在此之前，我们首先要尽快就现在的主题得出结论。

"数字思维"是什么？其定义如下：

数字思维 = 定义 × 计算 × 逻辑思维

所谓"数字思维"，就是先进行定义、计算，再进行逻辑思维。

我们只要将定义、计算、逻辑思维这三个要素相乘即可。因为上述运算是乘法，所以只要有一个要素为零（欠缺），最后的结果就等于零。可以看出，这四个词语是通过四则运算组织在一起的。

"逻辑思维"是什么？虽然我们经常听到这个词，但我在这里会用文字重新梳理一下其含义。

所谓"逻辑思维"，就是有条理地进行思考。

比如，对于前面提到的问题 3，我再讲解一下我的答案：

销售额 = 收款金额 − 退款金额 = 收款 − 退款

在这个例子中，逻辑思维是如何被运用的呢？刚才的文章使用的语言有些笼统。

如果把语言再处理得具体一点，我也可以这样表述：

销售额 = 收款 − 退款

销售额 = 客单价 × 到店人数 × 成交率 − 退货单价 × 退货数量

如果销售额下降，那么我们能想到的最简单的原因就是收

款减少了，或退款增加了，抑或二者兼有。

通过四则运算公式，我们可以清楚地看出这一点。如果退款增加了，我们就需要知道是退货单价提高了，还是退货数量增加了。

销售额减少

↓定义 × 计算

销售额 = 收款 – 退款

↓即

收款减少，或退款增加

↓接下来

实际上是退款增加了

↓定义 × 计算

退款 = 退货单价 × 退货数量

↓即

退货单价提高或退货数量增加，抑或二者兼有

↓接下来

实际上是退货数量在过去半年里增加了 30%

↓即

退货数量的增加是主要原因

以上流程就是最简单的"数字思维"范例。

接下来，我们再进行逻辑思维，也就是"↓接下来"和"↓即"所表述的部分。

"数字思维"是由定义、计算和逻辑思维这三个要素构成的，三者缺一不可。

综上所述，这就是本书对"数字思维"的定义。

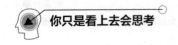

如何会思考：数字思维的基本方法

基于事实，降低犯错的可能性

接下来我们需要做什么？我们要把握"数字思维"的整体情况。

"数字思维"分为两种：

· 基于事实进行思考

· 基于假设进行思考

首先来看"基于事实进行思考"。这是我们用"基于事实产生的信任感"这种语言表述过的概念，但它只体现了"数字思维"一半的内涵。

我们先从背景介绍开始。

我有时会在企业的培训现场要求参训者发言。在此过程中，我注意到一种现象：现在的职场人士“不想说错话”的想法很强烈。

在我们的生活中，很多事情都没有标准答案。谁都不可能准确地说出所有的正确答案。大多数人都不想说出容易惹人诟病的答案。“我不想丢人，我不想失败。”大家想一想，你们是不是有这种想法在作祟呢？

当然，我也会这样。尤其是这几年，我感到这种趋势越来越明显了。

如果想在工作中取得成就，你可以采取以下两种方法：

· 提高成功的可能性

· 尽量降低失败的可能性

比如，你对“PPT演示的失败事例”进行了全面的收集和分析，最终得出“只用一张PPT进行说明时，失败的可能性最低”的结论。我个人认为，采取哪种方法都可以。不过，你如果选择“尽量降低失败的可能性”，就一定要基于事实进行思考。而且所谓“基于事实”，就是以你手上的数据作为思考的依据。

·根据去年的销售数据，制订今年的销售计划

·根据过去 5 年的数据，分析人工成本的增加给经营造成了多大的压力

·做资料速度很慢的新人，要知道自己到底在哪里花费的时间最多

上述这些都是属于基于事实的数据。

如果你以事实为基础，这个数据就必定是真实的，你据此得出的结论，其错误的可能性也会降低。

很多职场人士印象中的"数字思维"，就是指"基于事实进行思考"。但这仅仅是"数字思维"一半的内涵。

基于假设，量化问题

"数字思维"的另一半内涵是什么？那就是"基于假设进行思考"。

假设就是假定和设想。与上述基于事实进行思考不同，当我们掌握不了"事实"的时候，就需要使用这种方法。为了降低出错的可能性，我们要尽量以事实为基础去推进工作。但如果因为没有或不知道事实数据，就认为"数字思维"无法运用，那真是太遗憾了。如果无法基于事实进行工作，就可以基于假设来推进工作。

我还是通过上文以事实为基础的事例，再具体说明一下。

·根据去年的销售数据，制订今年的销售计划

但是，这一事实需要有"去年的销售数据"，才能成立。

如果这是今年才开始的一项新业务，又该如何制订计划呢？

·制订今年的销售计划

原来的那句话变成了现在的这句话。在这种情况下，应该不会有人提出"因为没有事实依据，所以不可能制订计划"了。如果真有这样的人，那么千万不要把新业务交给他。

大多数人应该是这样想的：

·根据假设的各种情况，制订今年的销售计划

即使手里没有事实数据，我们也要通过建立假设来运用数字思维，对没有正确答案的问题给出答案。这就是所谓"基于

假设进行思考"的假设思维能力。

当然，基于假设进行思考并不是一件易事。

怎样才能做到这一点呢？在本书的后半部分，我将进行详细的介绍。

总结一下，数字思维分为两种：基于事实和基于假设进行思考。接下来，我将这一流程总结如下：

不想犯错

↓

所以最好能以事实为基础

↓

但是因为不能掌握事实

↓

所以选择了以假设为基础

↓

所有人都会进行假设

↓

无论何人，随时都能够运用数字思维

我们如果掌握事实（数据），就可以基于数据进行思考。

即使没有掌握事实，我们也可以进行假设并挖掘数据。任何人都可以做到这一点。无论何人，随时都能够运用数字思维。我想强调的是：任何人都能够运用数字思维，商业场景中的任何事物都可以基于数据进行思考。

获得调动人、财、物的能力

本书的目的是让大家能够灵活运用事实基础和假设基础，从而掌握数字思维的方法。但这只是短期目标，我还有真正的目的。在表明真正的目的之前，我先问大家一个问题：你们运用数字思维的真正目的是什么？

你们的目的应该不仅仅是学会运用数字思维，而是通过数字思维"实现某些事情"。

职场人士为什么需要有数字思维呢？

我已经说过，因为它有三种好处：

· 提高解决问题的能力

· 增强演讲的说服力

· 用事实说话，增强信赖感

但这三种好处只是表面上的，并非我们的终极目标。那么，什么才是我们真正的目的呢？我的答案是：获得调动人、财、物的能力。

· 解决问题的能力→销售额增加、人数增加、时间缩短等

· 说服力→"原来如此"，让别人心服口服地行动起来

· 信赖感→让别人毫不迟疑地接受指示并行动

数字思维直接关系人、财、物的调动。我认为运用数字思维的真正目的是能够调动你想调动的东西。从商业角度来看，一言以蔽之，就是能够调动人、财、物。也就是说，"有工作能力的职场人士"指的是能够调动人、财、物的人。这就是社会上一直流传的"有工作能力的人运用的是数字思维"的真相。

本章小结

至此，我已经尽可能细致入微地剖析了数字思维的本质，并通过通俗易懂的语言和事例进行了说明。接下来将进入第一章的总结部分，也可以算是对"数字思维"的概述。

可以用数量来表示的信息，一般被称为定量信息。反之，不能用数量表示的信息，一般被称为定性信息。比如，"你的身高是 175cm"属于定量信息，"你是帅哥或美女"则属于定性信息。

上文所说的以事实为基础的情况，是指我们手上已有关于事实的数据。因此，数字思维的成果当然也可以用数据来表示。也就是说，这种情况属于用定量信息来生成定量信息。为了方便起见，我将其表示为"定量→定量"。

那么，以假设为基础是什么情况呢？指的是我们手中没有数据，即只有定性信息的情况。在这种情况下，我们需要以假设为基础，生成数据成果。也就是说，这种情况属于根据定性信息假设出定量信息，可以表示为"定性→定量"。

如果生成了数据成果，我们就可以将其用于说服自己（或对方）。当对方心悦诚服时，我们便可以调动人、财、物。只要人、财、物被调动起来，我们就会有所收获，即获得一项新的数据成果（这次是确定的事实）。接下来，我们再以事实为基础，对这个定量信息进行分析、思考，通过数据来确定产生某种结果的原因。利用这个结论，我们可以再次让自己（或对方）信服，又一次调动人、财、物。于是，我们又会得到一个新的数据（这也是确定的事实）。

是不是感觉这个过程一直在重复？你可能已经注意到了，这个流程就像一个循环，不断重复着相同的行为。

显而易见，这就是工作的基础，也是职场人士使用数据的本质所在。

这些内容对你来说可能不足为奇，这是商业社会中老生常谈的基本内容。但是，如果你能领悟到这些内容与本书所说的数字思维之间的密切关系，则幸甚至哉。

接下来，我将为大家介绍数字思维的具体方法论。

对基于事实（定量→定量）的工作方法，我将在本书的第二章和第三章进行介绍。基于假设（定性→定量）的工作方法，我将在本书的第四章进行详细介绍。

首先让我们进入大家最想知道的"HOW"的话题。

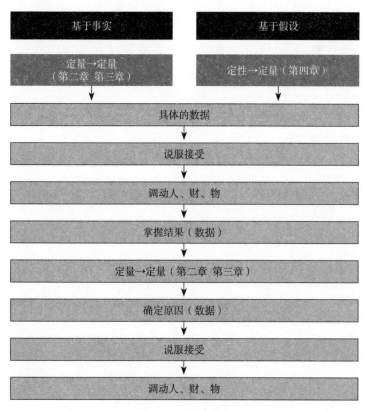

图1.2　本章结构图

第二章

会思考的人如何拆解复杂问题：基于事实

要将复杂的问题分为若干部分进行思考。

——勒内·笛卡尔（1596—1650），法国哲学家、数学家

会思考的人能用数据说明原因

你能根据结果说明原因吗

我们在第一章讲过，所谓"基于事实"，就是以事实（数据）为基础。这个事实也可以被称为结果。你所在的公司的销售额既是事实，也等同于结果。

事实 = 结果

按照这个定义，以事实为基础进行思考就相当于以得到的结果（数据）为基础进行思考。

商业领域的结果一般是包含数据的，比如去年的销售额、上个月的离职人数、昨天进行的顾客满意度调查等等。你可以毫不费力地拿到这些数据。当然，收集这些数据并不等于基于

事实进行思考。如果只是用数据来讲述事实，连小学生都能做到。职场人士的目的并非如此。我们需要通过数据、根据结果推导出原因。这是对"基于事实进行思考"这一行为的准确定义，也是我们职场人士要完成的工作。

为什么你无法从结果推导出原因

在现实中，有很多职场人士为此烦恼，因为他们做不到以事实（数据）为基础进行思考。或许，你也是其中之一。

为什么做不到呢？因为他们不懂得如何从结果（数据）推导出原因（数据）。

举例说明（见图 2.1）：

· 销售额减少了 0.2 亿日元

· 离职人数为 14 人

· 客户满意度下降了 5 个百分点

就算你一直盯着"0.2 亿日元"这一表面数据，你也永远找不到想要的原因。也就是说，你必须读懂"0.2 亿日元"这一数据背后的含义，才可能找到原因。离职人数为"14 人"和

结果	
内容	数据
去年的销售额	比前年减少了 0.2 亿日元
去年的离职人数	14 人
昨天的客户满意度调查	比 1 年前下降了 5 个百分点

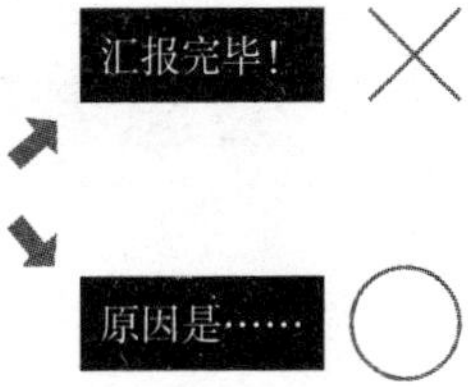

图 2.1　从结果（数据）推导出原因（数据）

客户满意度"下降了 5 个百分点"也是一样的道理。

是否能读懂结果数据背后的含义，直接关乎你能否找到事情的原因。具体的方法，我稍后会和大家一起探讨。

在此之前，要学会如何以事实为基础进行工作。为了使大家理解并实践这一点，我们来探讨一下现代职场人士的通病。

会思考的人不会被数据淹没

"明明有数据却不知如何使用"综合征

作为一名商务数学教育家，我曾为各类职场人士进行过各种培训，在培训中我发现了一种现象。

很多职场人士之所以无法从结果推导出原因，是因为他们患上了同一种病，这种病就是"明明有数据却不知如何使用"综合征。

以事实为基础进行思考，从结果推导出原因，调动想要调动的东西——如果职场人士想完成这些工作，刚刚说到的通病将是最大的障碍。或许你也患有这种通病。

接下来，我们将会弄清楚这种通病的真面目，并通过具体的方法，学会如何基于事实进行思考。

被"数据的海洋"淹没之人

"明明有数据却不知如何使用"，这是我在培训现场听到的很多职场人士说的原话。

接下来，我将向大家介绍在某次培训中一位名叫片濑（化名）的男士和我的对话。请大家看到最后。

片濑：哎呀，我实在太不擅长使用数据了。

深泽：你在什么时候会有这样的感觉呢？

片濑：什么时候？

深泽：是的。大家都说自己不擅长使用数据，但这种说法很笼统。具体是在什么时候？为什么你会这么认为？

片濑：嗯……

深泽：这对我来说也是一种学习，请你坦率地说出自己的想法。

片濑：公司内部有取之不尽的对工作有用的数据。只要打开数据库或者找出以前的会议资料，我想要的数据，应有尽有。

深泽：哦。

片濑：然而，我不知道具体该怎么做……

片濑先生的这种烦恼，相信很多人都感同身受。

再举一个例子，这是我在另一次培训中与本田（化名）女士的对话。也请大家通读一下。

本田：从我的外表你可能看不出来，我真的很喜欢数据。

深泽：哦，那不是很好吗？

本田：我看了很多书，也经常上网查询相关方法，我真的特别喜欢用 Excel，它可以快速地处理数据。

深泽：都是自学的？那你真是太厉害了！

本田：但是……老师……

深泽：嗯？

本田：我在 Excel 上处理完各种数据，或者用熟悉的函数和技巧解决数据问题之后，就不知道该做什么了。

深泽：哎呀。

本田：那种完全不知道下一步该做什么的感觉，你能理解吗？

深泽：当然，我太能理解了。（笑）

的确，你如果懂得 Excel 等电子表格软件的使用方法，就能接触很多数据。但不知道为什么，你就是无法做出最重要的成果。这也是我经常从职场人士那里听说的"症状"。

片濑先生和本田女士有着共通的问题，你已经看出来了，那就是，好不容易有了足够的数据在手，却不知道该如何使用。

我把这种症状描述为"被数据的海洋所淹没"。

我用一个具体的例子来说明一下这是怎么回事。

请看下面两种数据。

这两种数据都是关于日本老年人口的数据，内容很充实（见表 2.1、表 2.2）。

表 2.1　全球老龄化率的变化

1. 欧美 （%）

	1950	1955	1960	1965	1970	1975	1980	1985	1990	1995	2000	2005	2010	2015	2020	2025	2030	2035	2040	2045	2050	2055	2060
瑞典	10.2	10.9	11.8	12.7	13.7	15.1	16.3	17.3	17.8	17.5	17.3	17.3	18.2	19.6	20.3	21.1	22.1	23.3	24	24.1	24.4	25.2	26.3
德国	9.7	10.6	11.5	12.5	13.6	14.9	15.6	14.6	14.9	15.5	16.5	18.9	20.5	21.1	22.2	24.1	26.8	29.3	30	30.2	30.7	31.4	31.7
法国	11.4	11.5	11.6	12.1	12.8	13.4	13.9	12.7	14	15.1	16	16.5	16.8	18.9	20.7	22.3	23.9	25.2	26.2	26.5	26.7	26.9	26.9
英国	10.8	11.3	11.8	12.1	13	14.1	15	15.2	15.8	15.9	15.9	16	16.6	18.1	19	20.2	22	23.5	24.3	24.8	25.4	25.4	25
美国	8.2	8.8	9.1	9.5	10.1	10.7	11.6	12.1	12.6	12.7	12.3	12.3	13	14.6	16.6	18.7	20.4	21.2	21.6	21.8	22.1	22.7	23.6

2. 亚洲 （%）

	1950	1955	1960	1965	1970	1975	1980	1985	1990	1995	2000	2005	2010	2015	2020	2025	2030	2035	2040	2045	2050	2055	2060
日本	4.9	5.3	5.7	6.3	7.1	7.9	9.1	10.3	12.1	14.6	17.4	20.2	23	26.6	28.9	30	31.2	32.8	35.3	36.8	37.7	38	38.1
韩国	2.9	3.3	3.4	3.5	3.5	3.8	4.1	4.5	5.2	6	7.2	8.9	10.7	13	15.7	19.9	23.9	27.7	31.1	33.4	35.9	37.1	
中国	4.4	4.1	3.7	3.4	3.8	4.1	4.7	5.3	5.7	6.2	6.9	7.7	8.4	9.7	12.2	14.2	17.1	20.9	23.8	25	26.3	29.4	30.5
印度	3.1	3.2	3.1	3.2	3.3	3.5	3.6	3.7	3.8	4.1	4.4	4.8	5.1	5.6	6.6	7.5	8.5	9.5	10.6	11.9	13.4	15.1	16.7
印度尼西亚	4	3.8	3.6	3.3	3.3	3.5	3.6	3.8	4.2	4.7	4.8	4.8	5.1	5.8	6.9	8.3	9.7	11.1	12.5	13.8	14.8	15.7	
菲律宾	3.6	3.3	3.1	3	3	3.1	3.2	3.2	3.1	3.3	3.4	3.6	4.1	4.6	5.2	6.7	7.6	8.3	9.1	9.8	10.8	12.1	
新加坡	2.4	2.2	2	2	2.3	3.3	4.1	4.7	5.3	5.6	6.4	7.3	8.2	9	11.7	15	19.2	23.2	26.6	29.7	32	33.6	34.5	35.8
泰国	3.2	3.3	3.3	3.4	3.5	3.6	3.7	4	4.5	5.5	6.5	7.8	8.9	10.6	12.9	16	19.4	22.8	25.8	27.9	19	29.5	30.6

注：日本 2015 年之前的数据源于日本总务省的"国势调查"，2020 年之后的数据源于日本国立社会保障与人口问题研究所"日本未来推算人口（2017 年推算）"中出生中位数和死亡中位数的假设推算结果。

资料来源：联合国，《世界人口展望（2017 年修订版）》。

表2.2　日本各地区老年人口数量

◉ 按日本都道府县的地区所列的老年人口数量

	总人口（千人）	65岁以上人口（千人）		总人口（千人）	65岁以上人口（千人）
北海道	5 320	1 632	滋贺县	1 413	357
青森县	1 278	407	京都府	2 599	743
岩手县	1 255	400	大阪府	8 823	2 399
宫城县	2 323	631	兵库县	5 503	1 558
秋田县	996	354	奈良县	1 348	408
山形县	1 102	355	和歌山县	945	304
福岛县	1 882	569	鸟取县	565	175
茨城县	2 892	819	岛根县	685	230
栃木县	1 957	536	冈山县	1 907	567
群马县	1 960	567	广岛县	2 829	809
埼玉县	7 310	1 900	山口县	1 383	462
千叶县	6 246	1 692	德岛县	743	241
东京都	13 724	3 160	香川县	947	301
神奈川县	9.159	2 274	爱媛县	1 364	437
新潟县	2 267	709	高知县	714	244
富山县	1 056	334	福冈县	5 107	1 384
石川县	1 147	331	佐贺县	824	240
福井县	779	232	长崎县	1 354	424
山梨县	823	245	熊本县	1 765	531
长野县	2 076	647	大分县	1 152	367
岐阜县	2 008	589	宫崎县	1 089	338
静冈县	3 675	1 069	鹿儿岛县	1 626	501
爱知县	7 525	1 852	冲绳县	1 443	303
三重县	1 880	522			

资料来源：《老龄化社会白皮书（2018年完整版）》，第4页"各地区老龄化情况"。

有的人可能看一眼就觉得很迷糊。虽然不能说得太绝对，但要把这些数据全都看一遍并记住几乎是不可能的。

现在我向你提一个请求，非常简单的请求："请将这些数据综合起来，看看你能做点什么。"

当你听到这个请求时，你恐怕会不知所措。为什么这么说呢？因为突然让你用这么多数据去做点什么，你根本不知道从哪里入手、该如何做。

如果你是一个对数字本身没有抵触情绪、喜欢操作电子表格软件的人，你也许会不知所以地开始摆弄这些数据。但是，当你把能想到的步骤都完成之后，你依然会迷茫：接下来该做些什么呢？

同样的情况也发生在专家身上。

一次，我有幸与一位数据分析顾问进行交流，有一个小插曲给我留下了很深的印象。

"客户在向我们咨询时，经常会提到'你们能利用我们公司积累的数据做点什么吗''从数据中能了解些什么'，客户在没有提出自己的期望、目的以及愿景的情况下，就单方面希望我们'做点什么'，这属于一种蛮不讲理的咨询。"（苦笑）

他说的和我感受到的一样。这就是上文所述片濑先生和本田女士的"症状"。

如果我是客户，我会对你提出以下要求，看看你的感受如何："仅仅使用表中各都道府县的数据，调查一下每个地区是否有老龄化的趋势。"

这时候，估计你首先会把都道府县以外的数据都丢弃。

接下来，你可以通过数字找出某种趋势，一旦找到了某种趋势，就说明你完成了一项工作。

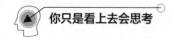
确定我们要处理哪方面的数据并明确要做的事情后，我们就可以开始做具体的工作了。

"请将这些数据综合起来，看看你能做点什么。"这就像在说"请在广阔的大海中随便捞一根针"一样。听到这种要求，你的确会感觉很为难，不知道该从何处着手。

"仅仅使用表中各都道府县的数据，调查一下每个地区是否有老龄化的趋势。"这样的要求，应该很容易做到。

如果你也被数据的海洋所淹没，那你需要做的就是一步一步地对数据进行解读。

步骤 1：确定从现在开始要做什么

步骤 2：确定执行此操作所需的数据，并丢弃其他数据

步骤 3：只对必要的数据进行解读，并得出结论性成果

在前面老龄化数据的示例中，我们将遵循如下的流程进行工作：

步骤 1：确定工作内容为"分析各个地区的老龄化趋势"

步骤 2：只处理各都道府县的数据，其余的都丢弃

步骤 3：发现了○○○○○的趋势

片濑先生和本田女士最需要掌握的就是这种工作方法。

会思考的人善于提前做准备

时代在飞速变化，如今，我们能够轻而易举获取各种数据。毫不夸张地说，将来恐怕不会再有人因为缺少工作所需的数据而发愁。

他们会为什么而发愁呢？面对庞大的数据，他们将不知所措。

正因如此，我们所需的能力是思考并判断使用哪些数据、丢弃哪些数据。在这里，我试着深入挖掘一下上文介绍的工作方法。

这里再重新总结一下流程：

步骤 1：确定从现在开始要做什么

步骤 2：确定执行此操作所需的数据，并丢弃其他数据

步骤 3：只对必要的数据进行解读，并得出结论性成果

这里有一个需要注意的地方，那就是：只有到最后一步，才涉及本书的主角——数据。而步骤 1 和步骤 2 根本不涉及数据。也就是说，在接触数据之前所做的事情，决定了你是否会被数据所淹没。

毫不夸张地说，在运用数字思维时，90% 的工作都是在接触数据之前完成的。

顾客满意度达到 90% 的数据技巧

在上文所说的 3 个步骤中，如果步骤 1 做好了，步骤 2 就会水到渠成。接下来就只剩下步骤 3 解读数据的工作了。

正如上文事例所述，在步骤 3 中，你并不需要复杂的理论或专业知识，只要会四则运算就够了。

那么，应该从什么角度进行四则运算呢？有几种模式，我给大家介绍其中比较有代表性的一些模式。

首先是解读百分数的技巧。

众所周知，百分数是由分母和分子构成的。再具体一点，百分数是由原来的数据和与其相比较的数据构成的。所谓百分比，就是两个数据的比率（比例）的外在表现形式。

也就是说，当你看到百分数时，只要思考一下其背后的两个数据到底是什么就可以了。

比如，要想正确理解"客户满意度为90%"这个数据所表示的含义，我们必须知道调查的对象以及调查的人数。这样，我们就可以研究出将满意度从90%提升到95%的具体方法。仅仅提出"将客户满意度提升5%"的目标，我们是不知道该做什么以及该怎么做的。

实现"客户满意度为90%"这个目标到底有多难呢？这里需要思考的是90%的客户满意度背后的两个数据：随机调查了1000名消费者，其中表示满意的有900名吗？还是使用该产品5年以上的10名超优质客户中，表示满意的有9人？如果是前者，我们应该会得出"产品大体上令人满意"的正面评价；如果是后者的话，"其中一位客户不满意"这一事实本身就是问题，应该做出负面的评价才恰当。

为了让大家明白这种感觉，我准备了一个练习：

A 店：今年的商品价格区间与去年持平，销售业绩增长了 20%

B 店：今年的商品价格区间比去年增加了 10%，销售业绩增长了 30%

如何评价 A 店和 B 店？到底哪家店更努力，实现了销售额的增长呢？

让我们通过这个事例，来解读一下百分比背后的两个数据的含义。

首先，我们把 A 店"销售业绩增长了 20%"的说法转换成"销售额从 100 个单位增加到 120 个单位"的说法。也就是说，A 店通过努力多获得了 20 个单位的销售额。

A 店：100 → 120

另一方面，B 店的销售额变化如下：

B 店：100 → 130

然而，这是将商品的销售价格区间提高了 10% 之后的结果。我们应该考虑到，这 30 个单位的增量中有一部分是价格上

涨造成的。所以，我们要将价格上涨这一因素考虑进去，重新
评估。

也就是说，需要用销售额 130 除以 110% 即 1.1 这个数值：

$$130 \div 1.1 \approx 118$$

去掉价格上涨这一因素后，B 店实际的销售业绩约等
于 118。

B 店在增加的 30 个单位的销售额中，通过努力而增加的
销售额约为 18 个单位。剩下的 12 个单位是由于价格上涨而提
升的销售额数值。

将上述想法作为依据，把 A 店的 120 个单位和 B 店的 130
个单位用乘法分解如下：

A 店：$120 = 100 \times 1.2$；通过努力，销售额比去年增长了
20%

B 店：$130 \approx 100 \times 1.18 \times 1.1$；通过努力，销售额比去年增
长了 18%

因此，从真正意义上来看，努力进行销售的不是 B 店，而
是 A 店。

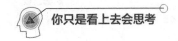

我们不能仅仅根据表面的增长率来做判断，而要根据其背后的数据来进行解读，这样才能做出相应的解释。这就是解读数据背后含义的作用。

这个练习没有标准答案，大家还可以有其他的解读方法。

我想强调的是，一定要掌握解读百分数的诀窍。这个诀窍就是，要弄清楚百分数背后的分母和分子的真正含义。仅此而已。

数值分析的基础是分解

大家需要掌握的另一个诀窍是分解。具体来说，分解包括以下两种：

· 通过乘法进行分解

· 通过加法进行分类

两者的共同之处在于，都是将原来的"大数"细分为"小数"。第二章的目的是以事实为基础进行思考，从结果推导出原因。这种思路极为重要。

例如，如果一台精密仪器发生了故障，大多是因为其中的某个小零件发生了故障。

故障是结果，某个小零件是原因。为了从结果中找到原因，我们需要确认细节。因此，必须将其细分，以便进行确认。

"读数据"的行为也是完全一样的。

让我们回想一下上文事例中 B 店的数据吧。

B 店：$130 \approx 100 \times 1.18 \times 1.1$

也就是说，130 这个数据是 100、1.18 和 1.1 这三个数据分解相乘的结果。

这并不是将数据随便组合得到的，而是以将 130 进行分解的想法为基础进行的计算。

具体来说，这种方法就是将销售额分解为如下的乘法等式：

今年的销售额＝去年的销售额 × 销售努力 × 产品价格上涨

除此之外，商业中通过乘法分解的方法来解读数据背后含义的事例不胜枚举。

·销售额＝平均单价 × 顾客数量

　　　　＝平均单价 × 到店人数 × 成交率

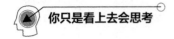

· ROE（净资产收益率）

= 当期净利润 ÷ 净资产

= 当期净利润 ÷ 销售收入 × 销售收入 ÷ 总资产 × 总资产 ÷ 净资产

= 销售净利润率 × 总资产周转率 × 财务杠杆比率

你想解读 ROE 这个数据背后的含义时，就可以把它分解为上述乘法。这样一来，你就知道它是如何增加（减少）的，在销售净利润率、总资产周转率、财务杠杆比率三个因素中，哪个因素的影响更大。

通过加法进行分类的好处也是一样的。将数据细分为可以确认的状态，我们就更容易确定导致此结果的原因。

比如，上面我们用乘法来分解的"销售额"数据，是不是也可以用分类的方式进行思考呢？进行分类时，我们可以使用加法。

· 销售额 = 新客户的销售额 + 老客户的销售额

如果把刚才的乘法分解也结合在一起考虑，我们就能更深入地解读"销售额"数据。为了便于说明，我们用"S"代表新客户，用"K"代表老客户。

·销售额 = 新客户销售额 + 老客户销售额

=S 平均单价 ×S 到店人数 ×S 成交率 +K 平均单

价 ×K 到店人数 ×K 成交率

显而易见，这种方式对于识别销售额增加（减少）的原因非常有效。

你平时在工作中经常使用的数据，可以被如何分解为乘法？可以被如何分类为加法？

无法从结果推导出原因，造成这种状况的缘由就是这样，出乎意料的简单。所有的现象都是有原因的。

如何寻找趋势数据和异常数据

最后，我要介绍的方法是数据科学家等数据分析专家也在使用的两种方法：

· 寻找趋势数据和异常数据

· 为此，首先要将数据可视化

我们的目的并不是成为数据分析专家，所以，我们并不需要达到他们那样的水平。但如果我们也能掌握他们使用的数据分析方法，并且对我们的工作有所帮助的话，我们就一定要学习借鉴。接下来，我开始介绍这两种方法。

你以事实为基础进行思考时，一定会得到体现结果的数据。而后解读数据的行为，就是从数据中找出某种信息的行为。

数据专家想要找到什么样的信息呢？那就是趋势数据和异常数据。

趋势数据很好理解，比如：

· 销售额增加（减少）

· 工龄越久，加班时间越长

· 女性员工的离职率高于男性员工

这些信息都属于趋势数据，它们都可能成为重要的提示。

接下来说说异常数据。异常数据也可以叫异常值或例外值，指的是大小和特征明显不同于其他数据的数据。

为什么需要了解是否存在异常数据呢？因为异常数据在很大程度上会影响你的结论。这样的说明过于抽象，我接下来举个具体的例子。

我们再以表 2.1 为例。

我们确定第一步的工作内容是找出欧美各国和日本的老龄化率有何不同。虽然我们的研究对象只有表格中"全球老龄化率的变化"，但对于这么多数据，我们很难专心致志地去分析。其实，我们没必要这么做，用一种方法就可以轻而易举找出变化趋势，那就是"制作图表"（见图 2.2）。

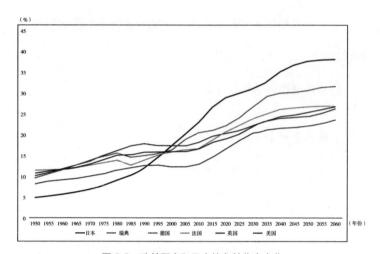

图 2.2　欧美国家和日本的老龄化率变化

资料来源：联合国，《世界人口展望（2017 年修订版）》。

不用一一查看密密麻麻的数据，做一个这样的图表，就一目了然了。

各国老龄化都有逐年上升的趋势，而且我们一眼就可以看出日本的老龄化趋势尤为明显。

我们确定第二步的工作内容是找出老龄化趋势的地区差异。当然，能够使用的数据只有"日本各地区老年人口数量"（见表 2.2）。通过两种数据计算出所有都道府县 65 岁以上的人口占比，并以此数据为纵轴，以各都道府县的人口为横轴制作图表数据，如图 2.3 所示。

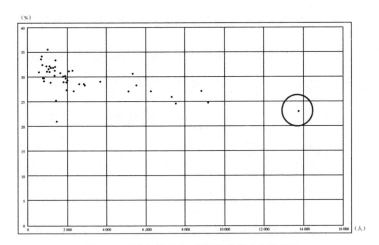

图 2.3　日本各地区人口数量与老龄化率的关系

资料来源：《老龄化社会白皮书（2018 年完整版）》，第 4 页 "各地区老龄化情况"。

很明显，这里只有一个异常数据（人口极多且老龄化率很低），没错，就是东京的数据。

也就是说，在以地区差异为切入点探讨日本的老龄化时，应该将极其特殊的东京的数据作为例外数据来处理。将其他地区的数据与这个例外值进行比较，没有什么意义。

掌握异常数据的目的就在于此。

从这个例子可以看出，数据分析的基础就是找到趋势数据和异常数据。找到趋势数据和异常数据的诀窍是将数据可视化。这样就可以一目了然。

在上述数据分析专家说过的话中，有一句话让我印象深刻，那就是，"数据分析首先要用眼睛来做"。这是任何人都能做到的，是基础中的基础，你一定要实践一下。

你在步骤 3 中需要做的具有代表性的事情，就是上文介绍的三项内容：

· 解读百分数的技巧

· 用乘法分解，用加法分类

· 通过可视化掌握趋势数据和异常数据

当然，我在处理数据的时候也是这么做的。只要记住这些内容，我们就可以运用基于事实的数字思维。除此以外，不要忘了步骤 1（确定工作内容）和步骤 2（确定执行此操作所需的数据，并丢弃其他数据）。你如果能在实际应用中完成这一系列操作流程，就不会被淹没于数据的海洋之中。

会思考的人善于运转 PDCA 循环

为何 PDCA 循环运转不起来

我在前面已经介绍了如何从数据和结果中推导出原因，但我们的工作并没有就此结束。一旦发现了可能的原因，我们就要采取行动进行改进，直至实现最初的目标。想要能够推导出原因的数据，我们需要用 PDCA 循环来操作。

但在现实中，要想完成这件顺理成章的事情时，会有一堵墙挡在我们面前。

或许有的人还不知道什么是PDCA循环，慎重起见，我还是先介绍一下。所谓PDCA循环，是按照计划（Plan）、执行（Do）、评价（Check）和改进（Act）的顺序进行重复操作，以不断改进生产管理和质量管理的一种管理方法。

"要让 PDCA 循环运转起来。"在职场中，恐怕没有人不知道这句话。

每个人都知道 PDCA 循环对工作的重要性。如果你去参加商业培训，讲师一定会提到这个词。如果你去书店的商业书籍区，你也一定能看到书名中带这个词的书籍。虽然每个人都在说"要让 PDCA 循环运转起来"，这句话也一直被反复强调，但却从未实现。无论现在还是将来，总有人豪情满怀地立志："让 PDCA 循环运转起来吧！"然而，为什么 PDCA 循环总是运转不起来呢？

本书给出的答案是：因为太麻烦了。

这不像一个商务数学教育家做出的结论。你是否期待一个冠冕堂皇的答案？对不起，我让你失望了。

为什么说 PDCA 循环无法运转的原因是"因为太麻烦了"？我来解释给你听。

比如，有一家公司通过网络向我发送推销邮件。我每个月都会收到一两封那家公司发来的推销邮件，但每次都是一样的内容，只是负责人的名字换了（真想跟他们抱怨一下，其实谁是负责人根本不重要）。

如果客户没有反应，公司就应该改变内容，重新进行销售推广。这是连我这个销售门外汉都知道的常识。

然而，他们依然每次都发来内容完全相同的推销邮件，这到底是为什么？

原因很简单：他们需要逐一检查后再逐一发送变更后的内容，而这件事情很麻烦。

以雅虎这样的网络媒体为例。很多网络媒体上都会有各种标题和摘要链接，用户会根据标题和摘要来判断是点进去阅读还是直接跳过。

因此，媒体需要验证到底用怎样的表达方式才能提高点击率。

我估计这是一件非常麻烦的事情。有的媒体会忽略验证的过程，只是固守着"使用这种类型的标题和摘要，点击率就能达到 X 以上"的经验。

现实并非如此。一定要下决心面对麻烦，在不断试错的过程中提高点击率。

那些网络销售行业中的成功人士，会一直维持 PDCA 循环的运转，试图为那些没有正确答案的问题找出一个答案。

"不运转"和"不会运转"

"不运转"和"不会运转"的含义是不一样的。这有点像文字游戏，但两者的意义的确完全不同。

我们虽然知道应该做这件事，但就是不做，这是"不运转"。

我们虽然想做这件事，但不知道具体该怎么做，这是"不会运转"（见表2.3）。

我能拯救的只有后者。因为我只是一个指导商业技能和思考方法的专家，而不是帮助那些嫌麻烦、没有干劲的人提高积极性的专家。

不过，为了避免误会，我要声明一下，我并不是否定那些

表2.3　"不运转"和"不会运转"的区别

不运转 PDCA 循环
想做的话，就能做到，但因为太麻烦而选择不做
没有促使其运转的意识
心理因素

不会运转 PDCA 循环
虽然想做，但不知道该如何做
不知道促使其转动的具体方法
技能（思考方法）问题

"不运转"的人。作为一名职场人士，他们明明知道做了会更好，但却选择不做，这也不失为一种不错的选择和生活方式。

如果你是一个"不会运转"的人，也就是不会以麻烦为理由的人，那么接下来的内容对你来说很重要。

"不会运转"的人忽视的事

接下来我将向那些"不会运转"的人介绍一些他们必须知道的事情。

我举例说明。

下面的表格是某项业务 5 月份和 6 月份的情况对比表（见表 2.4）。

· 销售额

= 新客户销售额 + 老客户销售额

=S 平均单价 ×S 到店人数 ×S 成交率 +K 平均单价 ×K 到店人数 ×K 成交率

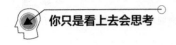

表2.4 某业务5月份和6月份情况对比表

		5月份	6月份
新客户	平均单价	15 000	14 500
	到店人数	78	95
	成 交 率	0.5	0.3
	销 售 额	585 000	413 250
老客户	平均单价	20 000	20 500
	到店人数	21	20
	成 交 率	0.7	0.8
	销 售 额	294 000	328 000
	总销售额	879 000	741 250

6月份的总销售额与5月份相比有所下降，这是为什么？只看销售额这个数据，我们是看不出原因的，但通过乘法进行分解，通过加法进行分类，我们就清楚了。

尽管6月份新到店的人数增加了，但成交率却在下降。对于好不容易进店的潜在客户，店家却没能成功让他们消费。

在这里，我们建立一个假设，即这里所说的问题就是本次改进的重点，因此，我们首先要落实具体的策略，再通过7月份的数据来验证改进效果。

这就是通过数据让PDCA循环运转起来的事例。

我们开始进入正题。让我们一边回顾这个事例，一边了解"不会运转"的人需要做些什么。

重要的是，要想用这样的算式（文章）来表示销售额，一个必要的前提是，要能用数据来表示所有的项目。

如果不具备计算到店人数的条件，那么 PDCA 循环从一开始就运转不起来。很多看似理所当然的事情，在现实中都被忽视了。

特别想做出成果、想开辟新业务的人，从计划到实施阶段都会毫无阻碍。

但是，如果实施的结果（事实）没有留下数据记录，我们就无法判断结果是好是坏，是否有需要改进的地方。

要想以事实为基础进行思考，数据的完整性就变得非常重要。也就是说：要做好通过数据进行评价的准备。这一点非常重要。

如果这个问题解决了，那么在进行评价时，事实就会以数据的形式被我们掌握在手中。

接下来需要做的工作就是解读这些数据。本书在前面已经介绍了三种基本的方法。我再强调一次：

· 解读百分数的技巧

· 用乘法分解，用加法分类

· 通过可视化掌握趋势数据和异常数据

在前面的事例中，我们用乘法进行了分解，用加法进行了分类，最后提出了"在应对新客户方面存在问题"的假设。

整个过程其实很简单，我将其整理成如下的流程：

首先，通过数据来整理事实

↓

其次，解读数字（主要有三种方法）

↓

最后，建立假设

容易被忽视的是，第一阶段可能会有出乎意料的陷阱，第二阶段只要使用简单的方法就能完成。这是目前为止我介绍过的内容。

最后剩下的就是"建立假设"这项工作，关于这一点，我们需要进行深入探讨。

会思考的人勇于建立假设

要有做出决定的勇气

"建立假设"是我们在商业书籍和培训课上经常看到的词。每个人都知道这件事的重要性和必要性，但却很少有人把这件事做好。

我认为，"不会运转"的根深蒂固的原因就在于——无法建立假设。这里有一堵很大的看不见的"墙"。为什么这堵"墙"无法被看见呢？因为它存在人们心中。

我来解释一下这是怎么回事。

比如，在恋爱中启动 PDCA 循环会怎么样呢？

假设一位男性对一位女性产生了感情：

想和心仪的女性变得更亲密

↓

计划以"兴趣"为主题进行交流（计划）

↓

在现实中试着这么做了（执行）

↓

对方的反应并不好（评价）

↓

在关系变得亲密之前，避免再提到有关"兴趣"的话题（改进）

↓

重新计划以"工作"为主题进行交流（计划）

↓

在现实中试着这么做了（执行）

在这个过程中，哪些步骤属于"建立假设"呢？那就是"改进"和第二次"计划"。

因为对方的反应并不好，所以这位男士猜测对方不太喜欢"兴趣"这个话题，这是一个假设。接下来，当他以"工作"

为主题进行交谈时，对方可能会有积极的反应，这也是一个假设。建立假设就是创造假设的事实。

在这种情况下，这位男性也许会纠结："不，不是谈话的内容有问题，也许是别的原因让对方不喜欢和我聊天。"当他这样想时，会发生什么情况呢？

"会有什么别的原因呢？是地点选得不合适，还是我在路上说了失礼的话？难道是因为我的口臭？还是……"如果他转而寻找别的原因，思路就会永无休止。如果总是想这些事情，他可能就不敢再和这位女性说话了。

他需要做的，并不是确认各种可能的原因。

虽然他尚不清楚确切原因，但他只要告诉自己"估计是这样"或"就是因为话题不对"，就可以采取下一个行动了。

如果他没有很快采取行动，他可能就没有机会通过聊天来吸引女性，更别想拉近距离了。他在犹豫的时候，很可能会被其他男人抢占先机。这就是世间大部分"失败者"的情况。

所谓"建立假设"，就是要用"估计是这样"的心态，来做出一个决定。也就是说，这是需要一点勇气的行为。

这与上文关于销售额的事例是一样的。如果你整理出了事实数据，并对其进行了解读，建立了假设，你就要尽快通过"估

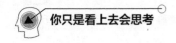

计是这样"的直觉来做出决定。

"不，也许外部环境又发生了变化。"

"产品组合也发生了变化。"

"竞争对手又推出了新的服务。"

……

如果你在这个阶段一直纠结于此类问题，那就什么都做不成了。什么都不能做，就等于什么都不能改进，也就意味着衰退。

因此，我的结论是，不能建立假设的人，缺少的是做出决定的勇气。

我建议大家多一点勇气，从几种可能的原因中快速选出一种，然后把剩下的原因都舍弃掉。

"在商业社会中，敢于横下心来的人才能有所建树"，这种论调听起来有些幼稚，但或许就是真理，攻克难关的关键就在于你的内心。

舍弃"综合因素"这个词

从可能的原因中筛选出一个原因，并据此采取实际行动、予以改进，其余的原因都要舍弃。这一点很重要。

在上文所述事例中，6月份销售额下降的主要原因，我们暂定为"在应对新到店客户方面做得不好"。

结果　销售额 585 000 日元 → 413 250 日元

↓

原因　新客户成交率 0.5 → 0.3

对于原因和结果，我们都只用一种数据来表示，并将这两种数据之间的关系假定为因果关系（原因和结果之间的关系）。这样一来，我们就可以聚焦于这一种关系，并在此基础上继续采取行动。

听到这样的建议，估计很多人会反驳："不能把事情想得这么简单。一定是多种因素综合在一起，导致了这种结果，你却只让我关注一个方面，把其他方面的问题都舍弃。不可能这么简单的。"

我非常理解。提出这种观点的人很敏锐，而且事实也许的确如此。尽管如此，我还是要告诉大家："只需要筛选出一个问题，将其他问题都舍弃掉。"

我这并不是意气用事，而是有逻辑上的理由。

如果你的工作内容需要让 PDCA 循环运转起来，而你当前

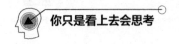

面对的结果可能是各种各样的因素交织在一起形成的，那么你需要思考：这些因素具体是什么？它们是如何交织在一起的？它们之间形成了怎样的结构？我们是否有必要把它们弄清楚？

假设分析这些因素需要三个月时间，我们可以每三天建立一种假设，采取一次行动，得出一种结果，这样一来，我们接近正确答案的速度会更快。

在速度至上的商业世界里，我们没有时间对有些事情进行细致的分析和验证。

除了研究机构和犯罪调查等特殊情况，这种当机立断的态度才是正确的："不要理睬那些琐事，赶紧提出假设，尽快开始下一个行动！"

为此，我们需要怎么做呢？

我的答案是，需要舍弃"综合性"思维方式。能够"筛选一个，舍弃其他"的人，就是舍弃了这种"综合性"思维方式的人。如果将原因缩减至一个，则接下来的行动也只有一个。我们并不是千手观音，我们每次只能做一件事。

〈BAD〉

原因众多，错综复杂

↓

接下来的行动也将很多，事情会变得很复杂

↓

即使这是正确的解决方法，在现实中也很难做到

↓

什么都不会改变

〈GOOD〉

将原因缩减为一个

↓

接下来的行动也只有一个

↓

虽然不能肯定这是正确的解决方案，但却是切实可行的方案

↓

一定会有什么会发生变化的

日本实业家稻盛和夫先生说过这样的话：

愚者把简单的事情复杂化。

普通人把复杂的事情进一步复杂化。

智者把复杂的事情简单化。

虽然这种表达略显苛刻，但却很真实，你一定会深以为然。

把复杂的事情弄清楚和把复杂的事情简单化是不一样的。

"是否有必要把它弄清楚"是一个极其重要的问题。要养成经常向自己提问的习惯。

"事情真的这么简单吗？"对于这个问题，我在培训现场是这样回答的："也许这是一件复杂的事情，但是，将这种复杂的事情简单化，不正是我们的工作吗？"

以事实为基础进行工作

作为第二章的总结，我准备了一份检查清单，可以帮助大家进行基于事实的思考，并且实现 PDCA 循环的运转。

你在回答这些问题的同时，就相当于在以事实为基础思考这些问题，并通过数据来实现 PDCA 循环的运转。

1. 你想改进什么事情？

2. 你能获得关于这件事的数据吗？

（如果答案是"不能"，那么你首先要打造一个能够获得数据的环境。）

3. 如果答案是"能"，那么衡量改进效果的数据 A 是什么？

4. 数据 A 达到什么范围，才表明改进效果是令人满意的？

5. 如何正确解读数据 A？

（作为百分比来解读？用乘法进行分解？用加法进行分类？是趋势数据或异常数据吗？）

6. 为了提升（或降低）数据 A，可以将什么项目设定为数据 B，从而通过数据 B 的升降来影响数据 A？

（建立假设，但需要把数据 B 缩减为一个项目。）

7. 数据 B 的增减目标是多少？

8. 数据 B 的增减目标实现后，数据 A 的变化能够带来你预期的改进效果吗？

9. 为了提升（或降低）数据 B，具体要做什么？（一定要做能实现的事情。）

10. 由谁，在什么时候，如何去实施？

11. 是否具备获得结果数据的条件，即数据 C？

12. 是否已经确定负责人，由他负责对数据 C 进行评估并启动下一个 PDCA 循环？

13. 在推进这项工作时，你是否抱有坚定的意志，不会被任何"麻烦"所打败？

我认为，能认真读到这里的读者，是不会认为这 13 个问题

很麻烦的。一定要将自己遇到的现实问题设定为主题，试着做

一下。比如，一个公司的销售部门会如何应用这 13 个问题呢？

接下来我将列举一个例子，供大家参考。

1. 你想改进什么事情？

→ 我想提升公司销售部门的工作效率。

2. 你能获得关于这件事的数据吗？

→ 能。我可以持续获得每个销售人员的实际业绩和工作时

间数据。

3. 如果答案是"能"，那么衡量改进效果的数据 A 是什么？

→ 工作效率 = 销售人员的实际业绩 ÷ 工作时间，这个数

据的增加被定义为工作效率的提升。

4. 数据 A 达到什么范围，才表明改进效果是令人满意的？

→（工作效率）比现在提升 10% 就可以了。

5. 如何正确解读数据 A？

→ 掌握销售部门整体的趋势，了解工作效率特别高（低）

的人。

6. 为了提升（或降低）数据 A，可以将什么项目设定为数据 B，从而通过数据 B 的升降来影响数据 A？

→ 减少工作时间。

7. 数据 B 的增减目标是多少？

→ 将（工作时间）削减 15%。

8. 数据 B 的增减目标实现后，数据 A 的变化能够带来你预期的改进效果吗？

→ 能。我认为（工作效率）可以比目前提升 10%。

9. 为了提升（或降低）数据 B，具体要做些什么？（一定要做能实现的事情。）

→ 可以将与客户洽谈的时间缩短 25%（从 1 小时缩短到 45 分钟）。

10. 由谁，在什么时候，如何去实施？

→ 销售部门全体员工。从下个月开始记录工作内容和所需时间，并在部门内部共享。

11. 是否具备获得结果数据的条件，即数据 C？

→ 是。（改进后的工作效率＝改进后的销售人员实际业绩 ÷ 改进后的工作时间。）

12. 是否已经确定负责人，由他负责对数据 C 进行评估并启动下一个 PDCA 循环？

→ 销售部长一定要定期检查，并在每月的销售部会议上共享数据。

13. 在推进这项工作时，你是否抱有坚定的意志，不会被任何"麻烦"打败？

→是。这是销售部本年度最重要的主题，并且向总经理承诺要实现改进。

很多职场人士能够用数据来说明结果，却不能用数据来说明原因。

因为说不出原因，所以无法进行改进。因为无法进行改进，所以无法取得成果。

造成这种现象的原因是某种通病。在此，我将毫无保留地告诉大家克服这种通病的方法，找到真正的原因并最终实现改进的工作技巧。

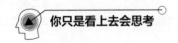

到此为止，以事实为基础的相关内容只介绍了一半。

在接下来的第三章中，我将介绍数字思维和量化技巧，进一步探讨以事实为基础的工作方法。

这是一种能量巨大的工具，你可以现在就开始使用，使自己成为能熟练运用数字思维的职场人士。请一定继续阅读下去。

第三章

如何成为会思考的人：数字思维进阶

法国料理和数学一样。

——米田肇（1972— ），日本 HAJIME 餐厅主厨

成为会思考的人

要有数学式思维

不知从什么时候开始，日本有了文科和理科的分别，就像男性和女性的分别一样自然而然地产生了。这也是很多职场人士自以为"不擅长使用数字"的主要原因。

究其原因，他们有一种"文科=不用学习数学"的错误认知。

2018 年，"早稻田大学的政治经济学系宣布，在以后的入学考试中，数学将成为必考科目"的新闻引发热议。这样的事情居然每次都会成为新闻。

从某种意义上讲，在这样的国家接受教育的人，对数学"过敏"也在情理之中。

不过，我一直对自称文科生的各位强调的一件事是：不需要学习数学，但最好要有数学式思维。仅此而已。

举个极端的例子，有些人即使从超一流大学的数学系毕业，也不一定能成为优秀的职场人士。相反，很多人只有初中学历，却能通过认真解读数据，将公司经营得有声有色，为社会做出巨大贡献。

职场人士不需要拥有解决数学难题的能力，只要能够使用数学式工作方法就够了。

本章将使你的工作水平提升到一个新的台阶。

本书介绍的数学式工作方法，是我经过精心筛选和实践的，无论何种职业，无论是新人还是企业家，都能掌握和灵活运用它。即使你根深蒂固地认为自己不擅长数学，你也一定能将其很好地运用在工作中。

从现在开始，请大家忘记文科和理科的分别。

将"需要多少"转换成数据

首先从"数学式"的定义开始。所谓"数学式"，就是使用数学的方法。比如，"数学式思维"就是使用数学的方法进行思考，"数学式说明"就是使用数学的方法进行说明。

让我们再具体一点。假设我们正在思考如何提高生产率。

每个员工的营业利润、每一个单位广告费所对应的销售额、每小时的产量等，所有这些都是用取得的成果除以花费的资源所得到的结果。

这并不是解数学题，而是通过除法来解决商业问题。简而言之，这就是"数学式"。

"数学式"工作的目的是什么呢？答案可能有很多种，本书归结如下：为了用数据来回答"需要多少"这个问题。

需要将效率提升多少？

风险有多大？

需要多少预算？

在商业领域，"需要多少"这种对话出乎意料地多。

如果你能以事实为基础来考虑这些问题，并用具体的数据来回答这些问题的话，工作会进展得很顺利。

为此，我们也精心筛选了一些方法，具体如下：

·几何平均数：将"提升多少"进行量化

· 计算现在价值和未来价值：将"有多大的价值"进行量化

· AB 测试：将"能增加多少"进行量化

· 灵敏度分析：将"影响有多大"进行量化

· 标准差：将"风险有多大"进行量化

· 相关系数：将"可能有多大的相关性"进行量化

· 单因素回归分析：将"需要多少"进行量化

· 盈亏平衡点分析：将"安全（风险）性的大小"进行量化

如果你读过一些相关的商业书籍，上面有些内容你可能也听说过。但是，请不要一目十行地浏览，而是要仔细地、慢慢地深入阅读。只有深刻地理解了为什么这种方法是数学式的，为什么这种方法是强大的，你才能使其内化为自己的能力。

拿到"烹饪数字"的"厨具"

数学式思维就像烹饪一样。请想象一种你喜欢的美食。烤鱼、烤牛肉、红烧肉，什么都可以。接下来，请想象一下，那种美食需要你亲手去做。你是否做过，或者做得好不好都不是问题，只需要想象一下即可。

　　首先，你需要准备必要的材料，将这些材料切好备用。然后准备调味料，考虑具体步骤，使用必要的厨具。如果是做烤鱼，你需要烤架；如果是做烤牛肉，你需要用烤箱；如果是做红烧肉，你需要用高压锅。最后，你终于可以点火开始烹饪了。

　　这样看来，烹饪食物这种行为可以说极其合乎逻辑。也就是说，数学式思维和烹饪是一样的道理。

　　数据＝食材

　　↓

　　数学式工作方法＝方便的厨具（烹饪方法）

　　↓

　　将"需要多少"进行量化＝完成的料理

　　本章介绍的正是"烹饪食谱"。只要学会"烹饪数据"的各种方法，你就一定能成为一名好"厨师"。现在就开始学习吧。

会思考的人擅长运用百分比

几何平均数

　　下面是2008—2017年日本少年刑事犯在押人员的变化数据（见图3.1）。在第二章中，我也进行过简单的介绍，从事实数据来看，"少年犯罪正在增加"这个观点是不正确的。

　　正如你看到的那样，男女少年犯罪的数量都在下降。请你预测一下，2018年少年刑事犯的人数会是多少？

　　作为职场人士，我们不能仅凭一时兴起使用数据，而是要思考如何运用数学的方式做出预测。这时，我们用到的一种"烹饪数据"方法是几何平均数法。首先，我们要正确理解什么是几何平均数。请看下面的例子。

	2008	2009	2010	2011	2012	2013	2014	2015	2016	2017
男性（人）	70 971	71 766	68 665	62 775	53 832	47 084	41 358	33 860	27 609	23 253
女性（人）	19 995	18 516	17 181	14 921	11 616	9 385	7 003	5 061	3 907	3 544

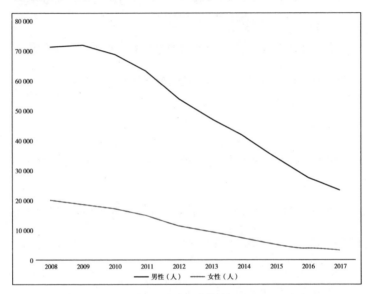

图 3.1　少年刑事犯男女在押人数（2008—2017 年）

资料来源：日本 2018 年警察白皮书。

$$1 \to （2 倍） \to 2 \to （4.5 倍） \to 9$$

请注意上述增长方式。初始数值 1 经过 2 倍和 4.5 倍的两

次增长，变成了 9 这个数值。在这个模型中，初始数值平均增

长了多少倍呢？两次合计增长了 9 倍，我们可以认为平均每次

增长了 3 倍。请注意，不能将 2 倍和 4.5 倍简单地进行平均：
（2+4.5）÷2=3.25。

1→（3倍）→3→（3倍）→9：平均每次增长 3 倍

几何平均数是指 3 这个平均增长倍数。再强调一下，请将
其与平均值区分开来。我们所做的数学计算如下：

步骤 1：2×4.5=9

步骤 2：求 9 的平方根：3 的平方为 9，所以 9 的平方根为 3

此外，当我们用 Excel 函数对其进行处理时，可以使用
PRODUCT 和 POWER 这两个函数。

步骤 1 =PRODUCT（2，4.5）→9

步骤 2 =POWER（9，1/2）→3

PRODUCT 函数是将指定数值或指定范围内的所有数据全
部相乘的函数。POWER 函数是求数值的平方的函数。例如，
要计算 10 的 2 次方（平方），就可以使用 POWER（10，2）
这个函数，瞬间得出 100 这个答案。

以上就是几何平均数法的思路和计算方法。我们马上把这

种方法应用到上述统计数据中。

首先，我们根据 10 年来的数据，算出男女数据较上一年的 9 次环比变化。

然后，我们将这 9 个数据全部相乘（步骤 1）。

接着，我们求出步骤 1 的计算结果的 1/9 次幂（步骤 2）。

具体计算过程如下：

男性

步骤 1 =PRODUCT（C10:K10）→ 0.327640867

步骤 2 =POWER（0.327640867，1/9）→ 0.883395822 ≈ 0.88

在这 10 年里，男性平均每年较上一年的环比变化值为 88%。

女性

步骤 1 =PRODUCT（C11:K11）→ 0.177244311

步骤 2 =POWER（0.177244311，1/9）→ 0.825102749 ≈ 0.83

女性在这 10 年里，平均每一年相较于上一年的环比变化值为 83%。

根据已知数据进行预测的计算方法

（例）少年刑事犯在押人数的变化

	A	B	C	D	E	F	G	H	I	J	K	L
1												
2												
3	特别统计 -10　少年刑事犯男女在押人数（2008—2017 年）											
4												
5		20	21	22	23	24	25	26	27	28	29	
6	男性（人）	70.971	71.766	68.665	62.775	53.832	47.084	41.358	33.880	27.809	23.253	
7	女性（人）	19.995	18.516	17.181	14.921	11.616	9.385	7.008	5.061	3.907	3.644	
8												

分别计算每一年相较于上一年的环比变化

相较于上一年的环比变化 = 今年的人数 ÷ 上一年的人数

（例）2009 年男性的在押人数相较于上一年的环比变化

71 766 ÷ 70 971=1.0112

	A	B	C	D	E	F	G	H	I	J	K	L
1												
2												
3	特别统计 -10　少年刑事犯男女在押人数（2008—2017 年）											
4												
5		20	21	22	23	24	25	26	27	28	29	
6	男性（人）	70.971	71.766	68.665	62.775	53.832	47.084	41.358	33.880	27.809	23.253	
7	女性（人）	19.995	18.516	17.181	14.921	11.616	9.385	7.008	5.061	3.907	3.544	
8												
9		20	21	22	23	24	25	26	27	28	29	
10	男性　较上一年环比变化		1.01120	0.95672	0.91422	0.85754	0.87485	0.87822	0.81870	0.81522	0.84223	
11	女性　较上一年环比变化		0.92603	0.92790	0.88845	0.77850	0.80754	0.74519	0.72266	0.71158	0.50700	
12												

步骤 1　9 个数据全部相乘

　　　　男性的情况

　　　　步骤 1=PRODUCT（C10:K10）→ 0.327640867

步骤 2　求出步骤 1 的计算结果的 1/9 次幂

　　　　男性的情况

　　　　步骤 2=POWER（0.327640867,1/9）→ 0.883395822 ≈ 0.88

在这 10 年里，男性平均每年较上一年的环比变化值为 88%。

图 3.2　根据已知数据进行预测的计算方法

如果采用这个结果，则 2018 年的预测值可以这样计算：

2017 年的数值 × 平均环比 =2018 年预测值

男性 23 253 × 0.88 ≈ 20 463（人）

女性 3 544 × 0.83 ≈ 2 942（人）

当然，没有人能够确切地知道到底有多少人。

但是，根据过去的实际情况和趋势，通过对"下降多少"进行量化，我们可以做出有理有据的预测。这种运用比率的方法一定要好好掌握。

最后，我总结一下这样的"烹饪"方法在什么时候才有效。

手中的食材（事实）：时间序列的数据

想做的料理：未来的预测值

烹饪的必要条件：时间序列的数据有明显上升、下降等趋势时

烹饪方法：几何平均数

计算现在价值和未来价值

我想起一位女性朋友说过："穿西装的男性，魅力增加了两成。"不管什么样的男人，穿上西装都会显得很帅，所以当我们看到穿西装的男人时，要将穿西装的因素"打折"后再对本人进行评价。这是女人都点头认可的"事实"。

为了给出正确的评价，很多时候我们要考虑先打个折扣再对事物做出评价，比如金钱。现在的 100 万日元和一年后的 100 万日元的价值一样吗？在经济和金融领域自不必说，这个问题在我的专业领域（商务数学）也是经典的话题。我们以现在价值和未来价值两个概念来进行介绍。

假设年利率为 5%，那么现在的 100 万日元在一年后就是 105 万日元。

现在价值 × 1.05= 未来价值，这个计算公式很简单。

反过来，一年后的 100 万日元换算成现在的价值是多少？

未来价值 ÷1.05= 现在价值，因此 100÷1.05 ≈ 95.24 万日元。

也就是说，这个计算是将未来价值换算成现在价值后进行评价的。换成前面所说男性穿西装的话题，相当于把穿西装的因素"打折"后再考虑。

接下来，我们转入商业话题。

假设你所在的公司今年的销售额是去年的1.5倍（式A）。但是，如果作为该公司主战场的市场也在扩大，市场规模扩大为原来的2倍，那么如何进行评价才算合理呢？因为市场扩大为原来的2倍，从某种意义上来说，就算公司的销售额增长为去年的2倍也是理所应当的（式B）。

式A　去年的销售额 = 今年的销售额 ÷ 1.5

式B　今年的销售额 = 去年的销售额 × 本公司的努力 × 市场的扩大

　　　　　 = 去年的销售额 × 本公司的努力 × 2

根据这两个算式得出：

今年的销售额 = 今年的销售额 ÷ 1.5 × 本公司的努力 × 2

本公司的努力 = 1.5 ÷ 2 = 0.75

也就是说，如果把市场的2倍增长这个因素打个折扣，这个公司的实际业绩应该是下降了25%。也就是说，销售额的增长，只不过是市场的发展扩大导致的虚增而已。

在读这本书的时候，如果你能意识到"我遇到过类似的事情"，证明你正在认真地阅读本书。

第二章介绍的简单练习正是这一思维的精华所在。可以肯定，有很多类似（或相同）的事例出现，恰恰说明了这种"烹饪数据"方法是非常重要的。

最后让我们思考一下这种方法的应用。

问题：你公司要招聘一名应届毕业生，其价值有多大呢？这种招聘对公司来说究竟划算不划算？

关于这种"多少"的问题，需要量化回答。在这里，我们将其换算成金额。我们暂定下面的假设是事实。

假设 1：3 年内离职（当然希望他能工作更长时间）

假设 2：这名应届毕业生第一年产生的年利润为 100 万日元

假设 3：入职后每年产生的价值增加 20%

回想一下上文提到的计算方法。根据假设，我们计算出其未来价值：

入职第 1 年创造的价值　100 万日元

入社第 2 年创造的价值　100 × 1.2=120 万日元

入职第 3 年创造的价值　100 × 1.2 × 1.2=144 万日元

离职前创造的总价值　100+120+144=364 万日元

我们假设，公司招聘的一名应届毕业生将在未来 3 年带来 364 万日元的利润。但是从实际出发，我们将话题扩展一下，再思考一下这名应届毕业生工作 3 年所产生的成本。这其中包括 3 年的工资以及其他各项费用，再加上招聘成本等。我们最后计算出总的成本。在此基础上，再判断录用一名应届毕业生在经济上是否合理。

如果认为不合理，你就应该完善公司的制度和入职教育，使他们愿意在公司工作很多年，或者更经济合理的方式是，放弃录用应届毕业生，直接录用有经验的人。

企业的人事主管不但可以将这些数据用于向老板汇报人事战略，也可以有理有据地向通过面试的准员工和刚入职的新员工说明"短期内离职将产生哪些影响"。

与上一节的内容一样，这里涉及的数学知识只有"比率"。希望你也能够熟练地使用"比率"，成为一名数据能力超强的

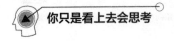

职场人士。

　　手中的食材（事实）：过去（或将来）的数据

　　想做的料理：价值的量化

　　烹饪的必要条件：手里有折扣率的数据

　　烹饪方法：计算现在价值（或未来价值）

会思考的人具备"数学式视点"

AB 测试：将增量进行量化

有一个词叫"视点"。我的理解是，"视点"就是"看待事物的观点"。估计你也是这么理解的。那么，什么是"数学式视点"呢？当然就是"站在数学的角度看待事物的观点"。

接下来，我们将精心筛选的两个数学式视点的事例介绍给大家。这并不是让大家学习数学知识，而是教会大家如何获得数学式视点。请大家在理解这句话的基础上继续阅读下去。

首先来看第一个事例。

你听说过"AB 测试"吗？这是市场营销中常用的思考方法。简单地说，AB 测试就是将内容相同但展示方式不同的网页 A 和网页 B 进行比较，看看哪个网页更能让访客反应强烈的一种

营销测试。

比如，你要在网店购买护肤品。在销售页面的最下方，有一个"点击购买"的按钮。那个按钮是什么颜色？字体很大还是很小？也许你 10 分钟后再次访问页面时，那个按钮的文字变成了"我也要拥有理想的肤质"……

网店的运营方不会只选用一种按钮来进行竞争，他们会准备很多种按钮，并且会将包括你在内的访客的反馈进行量化，再据此对网页进行优化。

"既然正确答案不可能从天而降，那就让访客来直接告知我们答案吧。"

接下来，我们看一下具体的事例：

假设该销售页面在 1 个月内被浏览了 15 000 次，所售商品的实际最佳日期也是 1 个月，那么我们更多的应该考虑，在这 1 个月里，如何让访客更多地点击购买按钮。为此，我们准备了模式 A 和模式 B 进行展示（见表 3.1）。

模式 A　"点击购买"

　　页面浏览量为 100 次，按钮点击量为 8 次

模式 B　"我也要拥有理想的肤质"

页面浏览量为 100 次，按钮点击量为 15 次

模式 A 和模式 B 这两种宣传模式，哪一个更好呢？访客

给出了答案。

答案就是 B 模式。

表 3.1　模式 A 与模式 B 浏览量对比

模式	浏览量	点击量	点击率
A	100	8	8.00%
B	100	15	15.00%
⬇		⬇	
A	0	0	–
B	14 800	2220	15.00%
	15 000	2243	14.95%

因此，今后只采用 B 模式，就可以获得最大点击量。

剩余浏览量为 14 800 次，直接按 15% 的点击率计算，得

出点击量为 2220 次。合计点击量为 2243 次。

但是，如果在最初的 AB 测试中，将浏览量设定为 200 次，

会怎么样呢？

最终结果会比刚才的 2243 次多还是少呢？如果在最初测

试中将浏览量设定为 300 次，又会如何呢？

答案是"少"。下面仅列出计算结果：

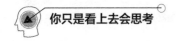
在 AB 测试中，将浏览量设定为各 200 次的情况：

获得的总点击量为 2236 次，点击率为 14.9%

在 AB 测试中，将浏览量设定为各 300 次的情况：

获得的总点击量为 2229 次，点击率为 14.86%

也就是说，在 AB 测试中，设置的浏览量越多，最终获得的点击量就越少。在这里，我们需要用较少的资源进行操作，并迅速做出决策。

但是，问题仍然存在：应该在 AB 测试上花费多少资源（时间或成本等）呢？这里并没有明确的正确答案和规则。不过我认为，最好用可利用资源的 1% ~ 2% 进行 AB 测试，并迅速做出决策。这个事例中的 15 000 次浏览，实际上在 AB 测试中对应的是 200 次浏览，正好约占资源的 1.3%。

接下来我们以商业书籍的销售情况为例。虽然书店上架的书籍数量在减少，但发行数量却在增加。假定书籍的"保质期"是一年。在现实中，书店不需要为书籍的 AB 测试设定太长时间，仅将书籍摆放一周就能判断出销量好坏。很遗憾，销量不好的书会被毫不留情地退货，7 天大约是 365 天的 2%。换句话说，书店就是通过这最初 2% 的时间来进行 AB 测试，并做出最终决策的。现代商业社会基本都是以这样的速度在运转。因此，我建议在 AB 测试上花费 1% ~ 2% 左右的资源是有根据的。

还有一点需要注意。针对上述情况，一定会有人建议或反驳说："将测试时间延长一些比较好。"这种心情是可以理解的，但正如数据表明的那样，测试的时间越长，最终得到的数值就越小。这样一来，你还需要好好地对此（用数据）进行说明。

这项测试还有一个重要的含义，那就是，可以通过数据说明"将来会增加到多少"。对于网络购物，我们都不知道"最终会有多少点击量"，但我们可以通过数据来进行预测。比如书籍的销售，我们都不知道"最终能卖出多少本"，但可以通过这种方式进行预测。对于职场人士来说，比起 AB 测试的逻辑理论本身，能够通过数据预测未来的事情（未知的事情）更重要。

要想把这种视点运用到自己的工作中，只要遵循下面的流程就可以了。

用数据预测"最终会达到多少"的目的是什么

↓

对于这个目的，使用怎样的 AB 测试才有效

↓

负责该工作的人员是否认同使用 1% ~ 2% 的资源做出决策

如果以上流程没问题，那么你一定要尝试一下 AB 测试。

这就是我所说的，以数学式视点进行工作。

最后再总结一下：

手中的食材（事实）：花费的资源总量（数据）

想做的料理：最终能获得多少数据

烹饪的必要条件：将资源的 1% ~ 2% 用于测试

烹饪方法：AB 测试

灵敏度分析

我问你一个简单的问题：在你所在的公司，下面哪一项会
对经营产生影响？

· 大幅降低人工成本

· 大幅减少广告宣传费

你的答案是什么？

如果你能运用数据进行说明，也就是能把"影响有多大"进行量化的话，你就可以和公司的管理层进行平等对话了，因为这正是管理层需要考虑的事情。

可能话题转换得有点突然，在这里，我为大家准备了一则短篇故事。也许你所在的公司也发生过类似的事情，即使你对此无动于衷，也请一定看完。

故事的主题是：不要靠金钱，要靠智慧（见表 3.2）

表 3.2　成本与利润统计表

科目	金额
销售额	100 000
销售成本	36 000
手续费	7 000
其他	1 000
变动成本合计	44 000
董事薪酬	14 000
工资及各种津贴	24 000
广告宣传及促销费	5 500
差旅费	1 500
通信费及水电费	2 000
折旧费用	2 000
租赁费	1 000

外包费和业务委托费	500
其他	3 000
固定成本合计	53 500
利润	2 500

（单位：千日元）

Fukasawa Planning 株式会社成立 5 年了，去年的利润是 250 万日元。

这几年，公司业绩一直在下滑，公司内部已经达成了共识：如果再不大刀阔斧地出台一些措施，就会陷入亏损的境地。但是，公司内部分为两派，一派主张"必须削减人工成本"，另一派则主张"广告费没有发挥应有的效果，应该尽快缩减"。

然而，这两派都没有给出具体的数据。因此，深泽社长向员工提出了这样的建议："削减以销售成本为主的变动成本是不现实的，只能削减固定成本。如果把各派主张的成本项目削减两成，对利润会产生多大的影响呢？请粗略地估算一下。我们将根据这个数据进行决策。"

很快，公司内部以管理人员为主开始了讨论。社长提出的"粗略地估算"的要求，对于不参与经营的他们来说是一件值得庆幸的事。

然后，他们给出了答案。

如果把包括董事薪酬在内的人工成本削减 20%，考虑到劝退、员工积极性下降、加班时间缩短等因素，估计会让销售额下降 10%。再加上公司内部的业务无法完成，需要进行外包，估计业务委托费会增加 3 倍。这个结论在很大程度上参考了人事部部长的意见。

接下来，他们要看看，如果将广告宣传和促销费削减 20% 会怎样（见表 3.3）。在目前的促销活动中，没能产生明显效果的是某种特定商品，其利润率很低。而且，主要商品的促销成本已经控制得很低了。因此，此项措施对销售总额几乎没有影响，可以维持现有水平。这个结论在很大程度上参考了市场部部长的意见。

广告费削减 20%→利润增加 110 万日元

人工成本削减 20%→利润增加 20 万日元

根据这一结果，深泽社长在下一年度的计划中，决定削减市场部的预算，严令要提高广告效率和精准度。此外，社长还要求全体员工与市场部进行密切沟通。

表 3.3　人工成本与广告费削减 20% 的情况

人工成本削减 20% 的情况

科目	金额
销售额	90 000
销售成本	32 400
手续费	7 000
其他	1 000
变动成本合计	40 400
董事薪酬	11 200
工资及各种津贴	19 200
广告宣传及促销费	5 500
差旅费	1 500
通信费及水电费	2 000
折旧费用	2 000
租赁费	1 000
外包费和业务委托费	1 500
其他	3 000
固定成本合计	46 900
利润	2 700

（单位：千日元）

广告费削减 20% 的情况

科目	金额
销售额	100 000
销售成本	36 000
手续费	7 000
其他	1 000
变动成本合计	44 000
董事薪酬	14 000
工资及各种津贴	24 000
广告宣传及促销费	4 400
差旅费	1 500
通信费及水电费	2 000
折旧费用	2 000
租赁费	1 000
外包费和业务委托费	500
其他	3 000
固定成本合计	52 400
利润	3 600

（单位：千日元）

·随着销售额的下降，销售成本也随之变化（成本率 36%）

·董事薪酬和工资减少 20%

·由于削减了人工成本，人力资源减少了，预计外包和业务委托费将是原来的 3 倍

·蓝色斜线表示数据有变化的项目

　　社长还向全体员工发送了如下信息："对我们公司来说，人就是资产。停止对人的投资就等于停止了成长，这对公司来

说更是切肤之痛。全体员工都要有市场营销的视点。要知道，市场营销不能靠金钱，而要靠智慧。"

以上，故事结束。

读完这则故事，你有什么感觉？这样的事情似乎无处不在，而且并没有太大的难度。

总之，不能单纯因为成本高就武断地削减人工成本，要考虑到这样做可能带来的影响。而且，事例以数据化的形式说明了削减人工成本将对公司产生的巨大影响。

人工成本和利润，以及广告费和利润，分别是如何关联的？如果依据数据进行决策的话，应该怎样把握呢？通过数据来把握关联度，这正是一种数学的视点，也就是大家在学生时代学过的函数。

这种思考方式是以一种叫作"灵敏度分析"的方法为基础的。比如，一个人手的食指撞到某个地方，并不会很疼，但如果是脚的小指撞到某个地方，他就会疼得流泪。也就是说，撞到脚的小指对身体的伤害更大，脚的小指灵敏度也更高。如果把广告费和人工成本分别当成手的食指和脚的小指，我们就会通过直观感受明白为什么要用"灵敏度分析"这个词语来表达。

还有一点需要注意，那就是如果不使用（被认为）有关联

的数据进行分析，就没有意义。通过刚才对Fukasawa Planning公司的分析，我们也可以看出，"员工每月零花钱的平均金额"之类的数据不适合进行灵敏度分析。"员工的零花钱增加了，公司的业绩也就上升了"，这种逻辑的确太跳跃了。

最重要的是使用直接相关、能够产生影响的项目进行分析。

手中的食材（事实）：想要改变的数值 A 和与其相关的数值 B

想做的料理：数值 B 的变化对于数值 A 的变化能产生多大影响

烹饪的必要条件：认为数值 A 的变化会影响数值 B 的变化

烹饪方法：灵敏度分析

会思考的人擅长统计方法

标准差

在商业领域也能使用的统计方法，你知道吗？

几年前，日本曾掀起过一股小小的"统计热潮"。当时盛传，通过统计分析的方法可以降低犯错的可能性。的确如此，很多学习意识很强的职场人士为了学习统计学，购买了很多书籍，参加了各种培训。在大数据时代，职场人士的数据素养极其重要。

但是，现在有多少人还在坚持应用呢？不能学以致用，就毫无意义。

我认为，普通的职场人士能够用到的统计方法屈指可数。了解菜谱但却用不上，便毫无意义。因此，我精心挑选了一些

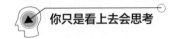

内容介绍给大家，我断言，大家把这些学会就足够了。

首先介绍一下什么是"标准差"。这也是我在过去出版的书籍和商业讲座中多次介绍过的主题。这个主题我已经写过很多次了，即便如此，我也没有把它从本书中略去。因为对职场人士来说，这是一个强大的武器。

标准差到底为什么如此强大？答案是，它可以量化风险。

一般来说，没有风险的商业是不存在的。

不会有人相信"没有风险就能赚钱"这种话。你涉足的商业工作一定存在某种风险，而且在探讨这种风险的时候，你和对方一定都想知道风险有多大。如果你学会了一种方法，可以通过以往的事实将未来的风险量化，你的业务就会朝着良好的方向发展。

现在，我们重新对标准差这个概念进行定义。

〈定义〉

标准差：在数据组中，体现与平均数的离散程度的数据

（可以利用 Excel 表中的函数进行计算）

〈事例〉

准备参加高考的考生 X 和考生 Y 参加了数学模拟考试。

模拟考试分为 A、B、C 三种。他们的得分如下图所示，两个

人的平均分都是 60 分（见图 3.3）。

考生 X

A	B	C
30	90	60

平均分 60 分

考生 Y

A	B	C
60	70	50

平均分 60 分

图 3.3　考生 X、Y 两人参加三种模拟考试的成绩

此时，对于平均分的离散程度的计算如下（见表 3.4）：

步骤 1：分别计算与平均分之间的差值

步骤 2：分别计算其平方

步骤 3：计算 3 个数的合计值

步骤 4：给每个数据赋值（用合计值除以 3）

步骤 5：取平方根（找出哪个数的平方等于"步骤 4"的

数值）

例如，考生 X 的标准差，也就是与平均分的离散值约

为 24.49。

实际上，你也可以通过 Excel 中的 STDEVP 函数来进行计

算，填入三个科目的数据，即可获得相同的结果。你一定要试

119

一下这种方法。

表 3.4　考生 X 与考生 Y 成绩标准差计算过程

考生 X

		A	B	C	平均分
		30	90	60	60 分
步骤 1	与平均分之间的差值	−30	30	0	
步骤 2	计算其平方	900	900	0	
步骤 3	合计	1800			
步骤 4	除以数据的数量	600			
步骤 5	取平方根	24.49489743			

考生 Y

		A	B	C	平均分
		60	70	50	60 分
步骤 1	与平均分之间的差值	0	10	−10	
步骤 2	计算其平方	0	100	100	
步骤 3	合计	200			
步骤 4	除以数据的数量	66.66666667			
步骤 5	取平方根	8.164965809			

有了这样的理论，你就可以对平均分都是 60 分的人做出不同的评价：到底是每次模拟考试的分数波动过大，还是每次都能取得稳定的成绩。

一般情况下，人们会把前者认定为是高风险。

在这种情况下，与考生 Y 相比，考生 X 更"危险"。我们会对考生 X 做出"如果将数学作为应试科目[①]，风险会很高"的评价。我们来具体对比一下他们的标准差。

考生 X　约为 24

考生 Y　约为 8

别看它们只是一些数据，在数学考试中，它们所示的风险相差 3 倍。如果考生 X 想把数学作为应试科目的话，就需要确定这个数值达到什么程度，他才能做出将其列入应试科目的决定。

这里没有绝对的标准，换成我的话，我以后可能会再参加几次模拟考试，在满足以下三个条件的情况下才会选择数学作为应试科目。

---

① 日本的大学入学考试中，有的大学允许考生选择应试科目。

·今后至少再参加 3 次不同的模拟考试（同样用 3 次模拟考试的结果进行评价）

·平均分在 70 分以上（与现状相比，得分能力提高）

·标准差低于 10（与现状相比，风险降低）

只要有一个条件未满足，我就会在选择考试科目时放弃数学科目。

各位读者也许已经意识到，"这种事情在商业领域也经常发生"。其实，这些都是在工作中很常见的现象。

例如，现有制造业工厂 X 和 Y。我们可以记下这两个工厂每月的不合格品数量，并计算其平均值和标准差。

在平均值几乎相同的情况下，标准差越小的工厂，生产流程的性能就越稳定。

换言之，标准差较大意味着机器可能不定时地发生故障，或者工人的技能水平不均衡等。标准差较大的工厂会被视为有风险的工厂，也就是说，出现大量不合格品的可能性很大。怎样判断该工厂的生产稳定性是否提升了？要如何进行说明？解决这些问题仍然要用到标准偏差的数值。

·确定产生不合格品的原因并加以改进。在此基础上，让

工厂继续运行 N 个月

·平均值降低（与现状相比，不合格品数量减少）

·标准偏差变小（与现状相比，风险降低）

满足上面三个条件后，我们就可以认为"稳定性提升了"。只要有一个条件不满足，我们就不能给出这样的评价。通过这种方法，该工厂所追求的改进，就可以很好地用数据去定义了。

再次回想一下，在你的工作中，是否也存在需要把风险进行量化的情况。我们可以通过 Excel 函数轻松地实现量化。

关于标准差的其他用法，在拙著《上班族必备的工作数字力》（日本实业出版社）中有详细介绍，读者可以作为参照。

手中的食材（事实）：数据的变动（增加或减少）

想做的料理：量化风险

烹饪的必要条件：会使用 Excel 表格

烹饪方法：标准偏差（STDEVP 函数）

相关系数

接下来，我将介绍一下"相关系数"。这也是我在拙著中多次提到过的、在以数字思维为主题的讲座中让参加者深刻领会的主题。

同样，因为其强大的能力，这个主题也不能被省略。"相关系数"为什么如此强大呢？答案是：它可以量化"相关性"。

有一种表达方式叫"深层次关系"。记得小时候，我经常和朋友说："我们的关系非常好。"现在回想起来，当时我对"关系非常好""关系一般""关系不太好"等概念是很模糊的。

如果我们说的是私人生活（更别提是孩子间的对话），就没必要考虑这么多。但是，如果我们说的是商业对话，就必须好好想一下：

广告费和销售额之间有多大的相关性？

气温和到店人数之间有多大的相关性？

公司资历和工作成果之间有多大的相关性？

……

在职场上，如果我们能掌握两件事在数量增减方面有多大的相关性，工作会变得非常高效。以广告费和销售额为例。如果掌握了二者的相关性，我们就可以从逻辑角度提出：要想增加销售额，增加广告费是有效的方法。

气温和到店人数也是一样的。如果气温越低客流量越大的话，我们就可以根据气温数据来预测客流量。

在公司资历较深的人，未必能做出更多成果。反之，如果出现了相反的趋势，我们就要考虑对公司内部的老员工进行再教育，这个问题将成为经营中的一个重要课题。

我接下来介绍的方法，非常适用于这种情况。

就像前面提到的标准差一样，我们用 Excel 表格就可以轻松使用这种方法。我们一定要学以致用。

让我们重新定义一下"相关系数"是什么样的数据。

〈定义〉

· "具有相关性"是指两个数据的增减具有相似的趋势

·相关系数：表示两个数据之间的相关性程度的量化指标

·可以用 Excel 的 CORREL 函数（数组 1、数组 2）来计算相关系数

〈特征〉

· –1 ≤相关系数≤ +1

· 数值越接近 +1，正相关性越强

· 数值越接近 –1，负相关性越强

〈事例〉

我们用某补习学校模拟考试的三个科目（语文、数学、英语）的平均成绩来计算相关系数（见图 3.4）。

可以看出，语文和数学的相关系数约为 +0.8，是正相关。

另一方面，语文和英语的相关系数约为 –0.7，是负相关。

语文和数学，都会考察逻辑思维能力。因此，擅长语文的学生表现出擅长数学的倾向也很正常。

反之，很多学生把英语当成一种背诵科目来学习，因此，即使他擅长语文，也会在英语方面费力劳心，这种情况也很正常。

我再补充一点。

这个相关系数是根据极其复杂的数学理论计算出来的。如果想了解理论说明，可以参考其他专业书籍。本书只是为了让职场人士学会使用这种方法，不再进行理论说明，敬请谅解。

通过计算得出的相关系数一定是在 –1 和 +1 之间的。

SUM	:	✕	✓	●	fx	=CORREL(O7:R7,O9:R9)				
▲	M	N	O	P	Q	R	S	T	U	V	W
1											
2											
3											
4											
5											
6			17 年	18 年	19 年	20 年					
7		语文									
8		数学						语文和数学	0.8030316		
9		英语						语文和英语	=CORREL(O7:R7,O9:R9)		
10									CORREL（数组 1、数组 2）		
11											
12											
13											

	17 年	18 年	19 年	20 年
语文	30	55	65	45
数学	20	30	75	45
英语	70	50	45	40

语文和数学	0.803031639
语文和英语	–0.710957873

图 3.4　相关系数计算过程

如果 A 增加 B 也增加，那么 A 和 B 是正相关。以上述例子来说，销售额和广告费之间就是正相关。

反之，负相关是指 A 越增加 B 越减少的关系。以上述例子来说，气温和到店人数之间就是负相关。

我个人认为，一般来说，如果相关系数在 +0.7 以上（–0.7

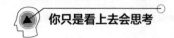

以下），就属于很强的正（负）相关，在商业中是可以作为判断依据的。

反之，当相关系数接近 ±0 时，则几乎没有相关性，就没必要把 A 和 B 放在一起探讨。

数学上的解释到此为止。重要的是接下来的内容，大家一定要对其提高认识。

我们要经常思考两个事物之间的关系，并据此建立假设。

·想确定明年的广告预算

→广告费和销售额之间是否存在着相关性？

·想预测明天的到店人数

→气温和到店人数之间是否存在着相关性？

·想就老员工需要培训进行说明

→资历和工作成果之间是否存在着相关性？

这些问题的共同之处，就是要找出两个变量之间是否存在着相关性。

上述补习学校的事例也是一样，"语文和数学成绩是否具有相关性"——正因为存在这样的疑问，我才会试着去计算其相关系数。

总结一下，你需要做的就是回答如下问题：

问题1：你想实现什么？

问题2：为此，你想知道哪些事物之间的相关性？

问题3：能否获得关于这些事物的数据（能否基于事实进行工作）？

问题4：该如何评价计算得出的相关系数？

为什么我强烈推荐用两种数据的相关性来进行说明呢？因为在职场上，"具有相关性"的说明材料有着强大的说服力。

在现实的商业场景中，单纯提出"希望增加广告预算"的提案是很难被通过的。但是，如果你能证明广告费和销售额之间存在极强的相关性，决策者的反应就会发生变化。

不过，对于用海量数据进行高度复杂的计算后得出的结果，对方（完全不知道分析方法）能够透彻地理解吗？

在100个职场人士中，大概只有一个人懂得专业的统计方法。但是，如果你用上述两种相关性来解释这些事情，估计他们百分之百都能理解。你（可能）不是研究人员，你的工作并不是进行复杂的分析，而是用最简单的方法将手头的工作向前

推进。因此，你并不需要学习高难度的统计方法。这就是我一直强调"普通的职场人士只需要掌握这几种统计方法就足够"的原因。你觉得呢?

手中的食材（事实）：存在（增加或减少）变动的两种数据

想做的料理：将相关性的强度进行量化

烹饪的必要条件：会使用 Excel 表格

烹饪方法：相关系数（CORREL 函数）

会思考的人擅长模型化

单因素回归分析

我们接下来开始介绍"建造数学模型"的"烹饪数据"方法。首先从定义开始：

数学模型：通过数学建模的方法，将事物或现象的结构具体化

这是我给出的定义，不过这种说法很抽象，让人很难理解。我举一个具体的例子。有一项服务，其初期费用为 100 日元，每使用 1 天，费用增加 10 日元。如果用 X 表示天数，用 Y 表示总费用，则该服务的费用可以用数学方式表示如下：

$Y=10X+100$

这样一来，我就通过数学的方式阐明了这项服务的结构。这就是我所说的"建造数学模型"。像这样，通过建造数学模型，我们可以将手头的数据重新制作成更便于提出建议且有说服力的数据。

在本章的最后，给大家介绍两种具有代表性的"烹饪数据"方法。

第一种方法叫作单因素回归分析。

将二者的相关性做成数学模型，就能够计算出具体的数值。听到"二者的相关性"这个词，很多人会想到前面讲过的相关系数。没错，单因素回归分析其实就是前面相关系数分析的延续。

回想一下前面举过的例子。

·想确定明年的广告预算

→广告费和销售额之间是否存在相关性

→发现有很强的相关性

→为了实现2亿日元的销售额所需要的广告预算具体是多少

·想预测明天的到店人数

→气温和到店人数之间是否存在相关性

→发现有很强的相关性

→如果明天的平均气温是 5℃的话，那么具体的到店人数
是多少呢

·想就老员工需要培训进行说明

→资历和工作成果之间是否存在相关性

→发现有很强的相关性

→员工在公司的资历每增加 1 年，具体的工作成果将减少
多少

我们确定了两个变量之间有很强的相关性之后，就要再向
前迈进一步。

再向前迈进一步，也就是把两者的关联方式变成数学模型，
得到量化的结果，以回答"具体是多少"这个问题。

如果能做到这一点，我们就可以通过数据来提出自己的建
议，说明自己的观点。比如，确保广告预算金额、预测明天的
到店人数、证明资历对工作成果的影响等。

下面我介绍一个事例。

某行业的 H 公司开展了一项新业务,这家公司有 18 名员工,
销售额约为 1.7 亿日元。在介绍公司的发展战略时，社长提出
了 5 年后实现销售额达到 5 亿日元的愿景。当然，这需要录用

更多的员工，但在这 5 年间，具体招聘多少新员工才合理呢？

我们首先需要调查该行业其他公司公布的员工人数和年销售额，以确定二者之间是否存在相关性。经过计算，我们发现二者之间存在极强的正相关性（相关系数为 +0.92）。

接下来，我们将这种关系进一步转换成数学模型，就可以从理论上计算出 5 亿日元的销售额所需要的员工数量（见图 3.5）。

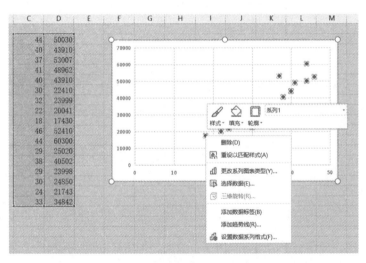

图 3.5 "5 亿日元的销售额需要的员工数量"散点图的制作

注：左侧 C 列表示员工数量（人），D 列表示销售额（万日元）；右侧散点图横轴表示员工数量（人），纵轴表示年销售额（万日元）。

将这些数据的相关性做成数学模型非常简单。我们只要使用 Excel 表格，并按照下列说明进行操作即可。

〈单因素回归分析手册〉（见图3.6）

1. 在散点图中选择任意一个点，单击右键

2. 选择"添加趋势线"

3. 在"趋势线选项"中选择"线性"

4. 勾选以下选项框

☑ 显示公式

※ 如果是Mac系统，则在"选项"中可以找到。

5. 单击"关闭"，会出现一条直线和表示该直线的公式

这条直线是根据数学理论导出的直线，表示两者之间的相关性，将这条直线用数学公式表示的话，就是一个员工数量为X、销售额为Y的公式。

这就是表示两者相关性的数学模型。

根据该行业以往的业绩（事实）分析，我们可以通过以下公式（理论值）估算出要想实现5亿日元的销售额需要的员工数量。

$50\ 000=1591.8X-18\ 209$

$X=（50\ 000+18\ 209）÷1591.8≈43$

图 3.6 "添加趋势线"操作

这一过程就叫作单因素回归分析。最终结论如下：

· 两者之间有很强的正相关

· 大致的趋势是，销售额越高，需要的员工人数就越多

· 如果将其相关方式用数学模型来表示，可以表示为

$Y = 1591.8 X - 18209$

· 通过这个模型可以看出，在这个行业中，每增加 1 名员

工，销售额就会增加 1591.8 万日元

如果 H 公司想在未来成为一家销售额达 5 亿日元的公司，那么员工数量的理论值为 43 人。现在是 18 人，因此还需要再招聘 25 人。

另外，增加员工也意味着公司的成本会增加。因此，公司也需要判断每增加 1 个人所产生的总成本和所增加的大约 1591.8 万日元的销售额之间的关系是否合理。

如果是合理的，那么在 5 年内再录用 25 人的计划就是切实可行的，如果不合理，则需要重新审视这个发展战略。总而言之，通过分析这些数据，我们能够合理地推进接下来的工作。

接下来，我总结一下这个工作流程：

掌握相关系数

↓

确认有很强的相关性

↓

进行单因素回归分析

↓

算出具体的数值作为根据

用数学模型来"烹饪数据",其实非常简单。

你不妨马上试试。

手中的食材（事实）：存在高度相关性的两种数据

想做的料理：一种形式为 Y=aX+b 的数学模型

烹饪的必要条件：会使用 Excel 表格

烹饪方法：单因素回归分析

盈亏平衡点分析

我要给大家介绍的第二种数学模型非常简单，就是把销售
业务做成数学模型。

当然，销售有赔有赚，或者说，一定会产生销售额和成本。
而且很多人都知道，成本分为固定成本和变动成本。

把销售业务做成数学模型，用一个公式就可以表示：

销售额 – 变动成本 – 固定成本 = 利润

你接触到的销售业务也都是这样的结构。是不是有的读者

认为这个公式太过理所当然，所以对此不屑一顾？

我在此提出一个重要的问题：

你所做的销售业务，其商业模式的安全性（危险性）有多高？

这里所说的危险性，是指产生亏损的可能性。

你所做的销售业务和同行业的其他公司相比，容易产生亏损的可能性有多大？该如何对其进行说明呢？接下来，我们就通过数学模型来进行讲解。

假设 A 公司的变动成本率为 20%，固定成本为 700。一般来说，变动成本是指与销售额联动而增减的成本，所以用与销售额的比率来表示。变动成本率 20% 意味着销售额的 20% 是变动成本。

我们假设：

B 公司的变动成本率是 40%，固定成本为 500

C 公司的变动成本率是 80%，固定成本为 500

如果 A 公司和 B 公司的销售目标是 1 000，C 公司的销售目标是 5 000，那么他们获得的利润可以通过以下计算求出：

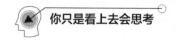

A 公司的利润 =1000–200–700=100（利润率 10%）

B 公司的利润 =1000–400–500=100（利润率 10%）

C 公司的利润 =5000–4000–500=500（利润率 10%）

三个公司的利润率是一样的。

虽然他们的利润率是一样的，但他们的安全性也是一样的吗？为了解读这种情况，我们需要把握"盈亏平衡点销售额"这个数据，以这个数据为依据进行判断。

盈亏平衡点销售额是指利润为零时的销售额。我们将直接用这个事例进行说明。

如果 A 公司的盈亏平衡点销售额是 a，B 公司和 C 公司的盈亏平衡点销售额分别为 b 和 c，那么这三个公司的销售状况可以用下面的数学模型来表示：

A 公司：$a–0.2a–700=0$

B 公司：$b–0.4b–500=0$

C 公司：$c–0.8c–500=0$

如果用文字进行说明，你可能会觉得会很复杂，其实，只要用"销售额 – 变动成本 – 固定成本 = 利润"来表示就可以了。

变动成本率与前文所述条件相同，固定成本也相同。

我们分别计算 a、b、c 的数值：

A 公司：$a-0.2a-700=0 \rightarrow 0.8a=700 \rightarrow a=875$

B 公司：$b-0.4b-500=0 \rightarrow 0.6b=500 \rightarrow b \approx 833.33$

C 公司：$c-0.8c-500=0 \rightarrow 0.2c=500 \rightarrow c=2500$

也就是说，A 公司的盈亏平衡点销售额为 875。如果销售额低于这个数值，就会产生亏损，如果销售额高于这个数值，就会有盈利。B 公司和 C 公司也一样，它们的盈亏平衡点销售额分别为 833.33 和 2500。

首先，我们对销售目标都是 1 000 的 A 公司和 B 公司进行比较，发现 B 公司盈亏平衡点销售额更低。也就是说，B 公司出现损失的可能性比 A 公司要小，安全性更高，而 A 公司产生损失的可能性要大于 B 公司，风险性更高。但是，如果同时考虑到 C 公司的数据，就没那么简单了。

它们之间最初的销售额目标相差了 5 倍，也就是说，销售规模是不同的。

因此，要想比较 A（或者 B）公司和 C 公司到底哪个公司的安全性更高，我们需要将三者的安全程度和风险程度用文字

和数据表示如下：

风险程度 = 盈亏平衡点销售额 ÷ 目标销售额

安全程度 =1- 风险程度

A 公司的风险程度 =875÷1000=0.875

B 公司的风险程度 =833÷1000=0.833

C 公司的风险程度 =2500÷5000=0.5

↓

A 公司的安全程度 =1-0.875=0.125

B 公司的安全程度 =1-0.833=0.167

C 公司的安全程度 =1-0.5=0.5

表示安全程度的数值越大，说明相应的销售活动越不容易产生亏损。

也就是说，B 公司（0.167）比 A 公司（0.125）更安全。而且，有了安全程度的数据，我们就可以将这两家公司与销售规模不同的 C 公司（0.5）进行比较，从数据中看出 C 公司比 A 公司和 B 公司更具有安全性。

因此，即使是利润率完全相同的公司，其销售活动中的个性化问题也完全不同。

一般来说，越是站在经营者的角度考虑问题，越害怕失败。因为对于经营者来说，失败就等于亏损。他们非常关心未来的销售工作的安全性（风险性）。所以，如果你想向管理层提某项建议，就一定要将这些数据添加到提案资料中，并就他们特别关注的问题给出简单明了的答案。

为此，你需要准备好以下三种数据：

· 销售额目标

· 变动成本率（占销售额的百分比）

· 固定成本

也许有的人认为，诸如经营管理、销售管理之类的事情都跟自己没有关系。总有一天，你会有和管理层通过数据进行交流的机会，再或者，你会开始自己做生意。到那个时候，如果你懂得这些方法，就不需要临时抱佛脚，去读商学院、攻读MBA（工商管理硕士）了。

你只要懂得企业管理者关心的事情就可以了。

最后补充一下。这里介绍的风险程度数据又被称为盈亏平衡点销售额比率，安全程度也被称为安全裕度。

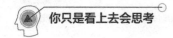

　　不过，我还是觉得"风险程度"和"安全程度"这两个词是最通俗易懂的表达方式，因此，我在这里使用了这两个名词。

　　最重要的并不是掌握专业术语，而是学会思考方法，了解其内涵。

　　手中的食材（事实）：根据数据拟定的业务（收益）目标

　　想做的料理：将目标的安全程度进行量化

　　烹饪的必要条件：掌握销售额目标、变动成本率和固定成本

　　烹饪方法：盈亏平衡点分析

会思考的人善于"烹饪数据"

以上就是本书要介绍的内容。本书精心选择了 8 种用数学方式烹饪数据的方法。我并非让大家学习数学，而是要教会大家掌握数学式工作技巧。你最想尝试的是哪一种方法呢？随着技术的进步，如今，我们可以轻而易举地获取各种数据。这是一个以事实为基础进行工作的时代。一定要掌握可以成为你的武器的烹饪方法。

说到这里，我想起一位厨师朋友（男性）说过这样的话："如果你的厨艺好，你会很受女性的青睐。"

能够烹调食材，做出美味的料理，让对方品尝，带给对方快乐，真是让人羡慕。因此，你也一定要让自己善于"烹饪数据"。如果你的"厨艺"很好，你必将在职场受到青睐。

第四章

如何解决没有正确答案的
问题：基于假设

直觉往往是唯一可靠的东西。

——比尔·盖茨（1955— ），美国实业家、微软公司创始人

基于假设进行思考

如何面对"我不知道"的问题

首先，请大家试着回答下面的问题：

人大概有多少根头发？

很多人一定在心里嘀咕"我不知道"。有的人可能会立刻想到用谷歌搜索一下。其实，通过你面对这种问题时的反应，我就知道你能否在工作中取得成就。

现在，在这一瞬间，全世界大概有多少人正在打喷嚏？

现在，你正在队伍中排队，大概需要等待多久？

今晚，喝生啤的日本人大概有多少？

现在，你乘坐的电车上，一共有多少乘客？

工作一年，你实现的经济效益大概有多少？

像这种"大概有多少"的问题，会让很多人不由自主地回答"我不知道"。

这些问题的共同之处就是，没有标准答案。

比如"打喷嚏"的问题。就算通过某种方法算出了一个粗略值，你也根本无法确认其是否正确，除非你能开发出覆盖全球的打喷嚏探测仪。

但是，在商业社会中，对于这类问题，还是给出一个答案比较好。

比如，"工作一年，你实现的经济效益大概有多少"这个问题，如果能用数据来回答，是不是很酷？

如果你能用数据来表明自己的价值，就说明你已经成了本书所追求的"拥有数字思维的人"。

再举一个更接地气的例子。假设你要开展一项新的业务。第一年、第三年、第五年的销售额会形成怎样的增长曲线，谁也不知道，这也就是上述很多人无法回答的问题。

但是，开始进行这项业务时，你需要一个能够回答"大概是多少"的量化计划。

这时候，你需要依赖直觉思维做出设想和假定。

以事实为基础具有局限性，逻辑思维方式也具有局限性。

从现在开始，我们要突破这种局限。

做 AI 做不到的计算

我在第一章介绍过，数字思维分为两种，分别是基于事实的思维和基于假设的思维。在第二章和第三章中，我介绍了基于事实的工作方法的本质和技巧。

终于到了最后一章，我再次对上述内容进行定义。

所谓基于假设进行思考，是指以假设作为出发点进行的思考。

如果我们手中没有关于事实的数据，就只能通过假设来推进工作。

接下来，我将更深入地说明，为什么我建议大家要基于假设进行思考，而不仅仅是基于事实进行思考。

最便于理解的素材就是 AI。

我们来看看维基百科对词条 "AI" 的描述。这并不是世界

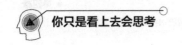

通用的定义，而是从通用辞典中引用的众所周知的描述。

是"利用'计算'的概念和'计算机'这种工具来研究'智能'的计算机科学的一个领域"。它也被称为"让计算机代替人类进行语言的理解、推理、问题解决等智能行为的技术"，或者"通过计算机设计并实现与智能信息处理系统相关的研究领域"。

虽然这段话中有很多专业术语，但大意大家应该都能理解。

如果换成是我，我只用一句话就可以对其进行定义，这个定义连小孩子都能听懂。

极其优秀的计算机。

接下来，让我们用更熟悉的东西来代替这台"极其优秀的计算机"。

放在你桌子上的计算器，也是一种计算机。计算器是干什么用的？

输入具体的数字和计算符号以后，瞬间就会给出计算结果，这就是计算器。这是常识。

在这里，很重要的一点就是——如果人类不输入具体的数字，这个计算器就只是个摆设。

一旦有人输入了关于事实的数据，它就会快速且准确地告诉你答案。

从另一个角度来看，这说明计算器：

1. 无法进行未经编程的计算

2. 没有指示，就不会行动

3. 自己不会主动去做什么

4. 计算准确是它存在的前提

这样一条条看下来，我感觉1—3像是一个不能胜任工作的人。

社会上关于 AI 的各种言论甚嚣尘上。被 AI 抢走工作？那是不可能的。人类只要像以前一样，做好人类自己的工作就好了。这和数字思维的主题是一致的。

第 4 点是"计算准确是它存在的前提"，接下来的内容就是我要传达的核心内容。

用粗略的数据来回答即可

在这里，我补充一下我刚才所说的"做好人类自己的工作"

到底是什么意思。

为什么我们明明知道半夜不应该吃拉面，却还是要吃？

为什么我们明明知道领导说的是对的，却不愿意赞同他的想法？

为什么我们会喜欢上不该喜欢的人？

说到底，人类并不是靠逻辑理论活着的，而是靠直觉。

想吃就是想吃，厌恶就是厌恶，喜欢上什么东西就容易失去理智，这才是人类。而且，人类并不是行为"准确"的生物。

在世界上的任何角落，每天都会发生由于个人的粗心大意而迟到的事情。即使被要求以时速5公里的速度行走，恐怕也没有人能精确地以这个速度行走。还有很多人言行不一，口是心非。人类并不"准确"。

人类靠直觉生活，而且并不准确。可想而知，"数字思维"这种行为也可以靠直觉，也可以不准确。

计算机做不到，但人类可以做到的量化工作，就是基于假设进行数据制造的工作。

在什么样的情况下，人类的这种能力会发挥作用呢？那就是为了掌握某种规模而进行概算的时候。

其实，在商业中，能够回答出"大概有多少"这种问题，就足以证明人类具备这种能力了。

比如，有一项新业务。假设我们用复杂的理论和先进的技术模拟出了第一年的销售额，得出了"预计为 182 417 000 日元"的答案。这是一台极其优秀的计算机的工作成果，能够取得这样的答案真是太厉害了。但是，虽然很厉害，从另一个角度来看，却也很"不自然"。

对于谁都不知道会发生什么的未来数据，怎么能够得出如此精细的数值呢？实际上，商业中真正需要的并不是极为准确的计算机，而是不那么准确的人类。

与计算机的答案相比，"大概 2 亿日元"这个结论更自然，也更人性化。最重要的是，作为商业信息这已经足够了。

没有正确答案的练习

我在企业培训中一定会进行以假设为基础的训练，关于原因，我不再赘述。

在培训中，我一定会告诉参加者要 Enjoy。

在以事实为基础的工作中，大家手中是握有数据的。如果再将我传授的"烹饪数据"方法加以实践，就可以完成"菜肴"

的制作。

　　而一旦让大家以假设为基础，很多人就会认为很难："这种假设真的可以吗？"大家会产生各种不安的情绪，会停止思考。我的感觉是，大家过于较真了，虽然这种心情可以理解，但是很遗憾，如果一直这样的话，你永远都无法掌握基于假设的思考方法。

　　在对企业做培训的时候，我会要求学员尽情享受（可能是一种奇怪的表达方式）。不要担心是否正确，因为本来就没有正确答案，所以也不会出错。只是游戏而已，单纯地享受就好。就像孩子们开心地玩游戏一样，你也可以和数据一起玩耍。

　　前面提到的"人大概有多少根头发"这个问题，由于问题看起来很难，所以你便认真地去解题，但这样的话，估计你并不会开心吧。

　　只是娱乐而已，让我们就像做游戏一样，实际算一下。

思考"人大概有多少根头发"这个问题

↓

将其定义为"头发的生长密度有多大"这个问题

↓

思考"整个手掌"的面积大概能长多少根头发

↓

思考"手指甲"的面积大概能长多少根头发

↓

根据直觉，假设"手指甲"的面积为 1cm×1cm=1cm²

↓

根据直觉，假设 1 mm² 的面积里有两根头发

↓

在 1cm² 的面积里长着 20×20=400 根头发

↓

根据直觉，假设 5 根手指共有 30 个这样的面积

↓

根据直觉，假设手指以外的手掌面积等于 5 根手指的总面积

↓

400×30×2=24 000 根（"整个手掌"的面积里长出的头发数量）

↓

根据直觉，假设 5 个"整个手掌"面积等于头皮面积

↓

24 000 根 × 5＝120 000 根

因此，我的答案是，大概有 12 万根头发。这里只是介绍一种我自己的玩法。

还有很多种其他玩法，如果让你回答这个题目，你会如何和数据一起玩耍呢？

无论怎样的玩法，都要玩得更人性化，更相信自己的直觉。回归童心，像小孩子做游戏一样，尽情去享受数字思维。一般来说，凡事只有乐在其中，才能更快地进步。

接下来，我为大家准备了几个游戏。

实践训练：基于假设进行思考

定义→根据直觉进行假设→计算

关于计算头发数量的游戏，我没有使用任何复杂的数学理论。你不觉得这是一种非常依赖直觉的行为吗？

比如，1mm^2 的面积里有两根头发，这完全是我的直觉。

头皮的面积 = 整个手掌的面积 ×5，这种想法也完全依赖直觉，从来没有一本学术书籍说过，只要这样计算就能够得到正确答案。

我究竟是基于怎样的思考，最终得出了"12 万根"的结论呢？

通过对这个过程的详细解说，我希望能够引导你掌握基于假设的思考方式。

再强调一下，刚才的过程就是把"我不知道"转换成"12万根"的具体数值的过程。把定性的语言变成了定量的语言，也就是语言的转换。请再回想一下，在第一章中，我们解释了"数字就是语言"，并将"以假设为基础"描述为"定性→定量"。

再回到头发的问题。

我实际采取的行为只有三种："定义""根据直觉进行假设""计算"。

让我们再来看看刚才得出"12万根"这一结论的全过程。

请注意，我将"人大概有多少根头发"这个问题重新定义为"头发的生长密度有多大"。有了"定义"这一行为，我的思考才得以推进。因为我将其定义为密度问题，所以我必然会产生"通过小面积来思考问题会更容易"的想法。"手指甲的面积"并不是从天而降的想法，而是从一开始的定义得出的。如果你给出了不同的定义，你所用的方法当然会不同。

你可能会觉得"定义"很麻烦。其实在以假设为基础的思考方法中，"定义"非常重要。

·定义

·根据直觉进行假设

·计算

只要将这三种行为组合起来，我们就可以用数据来解答没有标准答案的问题了。

要想把"我不知道"变成定量的语言，就要按照下面的步骤进行思考。

想把"我不知道"变成可以用数据表示的结论

↓

用可以量化的概念来定义这个问题

↓

根据直觉进行假设

↓

计算

↓

将"我不知道"变成定量的语言

你也赶快实践一下吧。

我会给出几个题目，请务必跟我一起进行思考。

假设练习一：那家店赚钱吗

请回想一家你最近去消费过的小店，思考下面这个简单的问题：

那家店到底赚钱吗？

你可能会说："我不知道。"正因如此，它才是最适合进行练习的问题。

为了简化问题，我们假设我们知道那家店某一天的利润数据。你发现了吗？我正在用一个可以量化的概念来定义这个问题。

接下来，将我们要做的事情进行定义。

要计算一天的利润，我们可以采取以下三个步骤：

· 计算全天的销售额

· 计算全天的成本

· 最后把这两者相减

我们已经确定好了要做什么，接下来就进入"根据直觉进行假设"和"计算"的阶段了。请你一定挑战一下自己。

我将我家附近的一家小饭店设为目标。这家饭店的价格相对合理。我将时段分为三个：中午 11:00—13:00，下午 13:00—17:00，晚上 17:00—22:00。其中，在忙碌的午餐时段，客人很多，店员忙于应对客人，在就餐服务方面有所欠缺；晚餐时段，客人虽然不多，但很多客人喜欢点啤酒和小菜，所以客单价很高。当然，所有这些都是我自己根据直觉进行的假设。

〈11:00—13:00〉

客流量　假设每小时有20名顾客到店　20名 ×2小时 =40 名

客单价　700 日元

销售额　700 日元 ×40 名 =28 000 日元

〈13:00—17:00〉

客流量　假设每小时有5名顾客到店　5名×4小时=20名

客单价　700日元

销售额　700日元×20名=14 000日元

〈17:00—22:00〉

客流量　假设每小时有10名顾客到店　10名×5小时=50名

客单价　1000日元

销售额　1000日元×50名=50 000日元

1天的销售额=28 000+14 000+50 000=92 000日元

接下来，我们计算一下成本。和上面一样，我们以假设为基础进行计算。我们为人工费和成本设定一个数值，并计算出大概的金额。

时薪　平均1500日元

工作时间　平均8小时

员工人数　平均3.5名

1500日元×8小时×3.5名=42 000日元

成本率　40%

成本 =92 000 日元 × 0.4=36 800 日元

42 000 日元 +36 800 日元 =78 800 日元

实际上，再加上房租、水电费等成本的话，这家店每天能否盈利就很值得怀疑了。

当然，我并不知道实际到底是怎样的。不过，这家小饭店最近改成了"自助式服务"，从点餐到就餐和收拾桌子的所有操作都由客人自己完成。我个人认为，这样的改进是非常合理的。

你自己选定的那家店是怎样的？如果那家店今后有了什么变化，如改变了布局，增加或减少了临时员工，关店歇业，等等，也请你思考一下其中的原因。这些做法一定是有原因的。

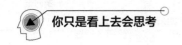

假设练习二：如何量化公司氛围

下面的题目难度有所增加，你会如何回答？

你所在的公司，氛围好吗？

如果你的回答是"当然好"，那么请问你：为什么会认为好？

如果你的回答是"太糟糕了"，那么请问你：为什么会认为糟糕？

如果你的回答是"说不清楚"，那么请问你：为什么会说不清楚？

"氛围好"是一种典型的定性的表达，如何将其转化为定量的表达呢？你是否感到问题的难度增加了？

即使问题的难度有所增加，你需要做的事情也没有任何变化。所谓"基于假设进行思考"，就是做"定义""根据直觉进行假设""计算"这三件事。

我先来做一下这个练习：

〈用可量化的概念进行定义〉

试想一下，对于氛围好的公司，其什么数量会比较多？比如，笑容越多的公司，氛围越好。但是，在现实中，我们很难计算笑容的数量。

因此，我做出以下定义：

能够体现公司氛围好的数值 = 员工对同事的赞美次数

↓

〈根据直觉进行假设〉

一般来说，我们可以想象一个职场人士在一天中会对同事说多少赞美的话。不擅长赞美别人的我，每天大约是 1 次。假设一家公司有 100 名员工，有 20 个人擅长赞美别人，60 个人一般，其余 20 个人不擅长赞美别人。这些数值完全出于我个人的直觉。

擅长赞美的人：1 天 5 次

一般擅长的人：1 天 3 次

不擅长赞美的人：1 天 1 次

↓

〈计算〉

这家公司每天产生的"赞美"数量为：

擅长赞美的人：5 次 ×20 人 =100 次

一般擅长的人：3 次 ×60 人 =180 次

不擅长赞美的人：1 次 ×20 人 =20 次

合计　300 次

这家公司的氛围现状 =300

这样一来，我们就把典型的定性表达转换成了定量表达。如果这家公司每半年进行一次关于"赞美别人"的次数调查，我们就可以用数据说明公司的氛围正在逐渐变好（变坏）。

在商业场合，有些词句可以定性地表达"公司氛围变好了"的意思，且使用方便：

·激发了企业活力

·提高了工作效率

·进行了深入管理以精准地完成工作

……

不过，这种表达方式归根结底只是随口说说而已，既无法传达给对方，也不涉及别人对自己的评价。

读到这里的读者，当你们遇到这种情况时，请一定要挑战一下：用定量的数据来表达"活力""效率""深入管理"等词语。因为没有标准答案，所以你也不会出错。在这种情况下，我们反而可以期待一下对方的积极反应，比如"你的思维很有趣""原来如此，的确是这样"等。

接下来就是实践训练了。我所提示的练习方法并不等于标准答案。

希望你想出自己的练习方法，并分享给我。

假设练习三：工作一年的经济效益

我们通常用金钱来表明下列活动的影响力大小：

世界杯足球赛的经济效益。

偶像团体"岚"的一场演唱会的经济效益。

职业棒球领域也是一样，著名的球员转会后，对之前所在的球队影响很大。我们常听说"某位选手的退出，对球队的打击很大"，这里的"打击"就是指经济效益。

·在吸引观众方面的影响有多大

· 对球队来说，一年会减少多少安打[①]数量

· 那意味着得分会减少多少

· 对胜负有多大影响

· 对排名有多大影响

· 对第二年的经营有多大影响

球队也需要经营。经营者一定是基于这些想法，通过数据来判断"转会"这个商业行为的。接下来，我送给大家一个思维练习作为礼物：

工作一年，你实现的经济效益大概有多少？

肯定有人会说："我的工作内容无法用数量来表述。"也许你说得没错，但我们在这里只是要进行一种思维训练，笼统一点没关系，试着用数据把你实现的经济效益说明一下。

不管你做的是什么工作，一定会对别人有所帮助，也就是给别人提供了价值。既然这种工作属于一种商业形式，其价值一定也是可以用金钱来表述的。比如，像我从事的培训讲师这

———————————

① 安打：是棒球及垒球运动中的一个名词，指打击手把投手投出来的球，击出到界内，使打者本身能至少安全上到一垒的情形。

种职业，工作的价值也很难量化。培训不像销售电视机和房地产等有形商品，我们无法清晰地看到工作成果。那么，该从何入手呢？让我们再一次通过数学流程来进行思考。

〈用可量化的概念进行定义〉

用可量化的概念对培训的经济效益进行定义。所谓培训，就是要让学员提升自己的能力。如果能实现这一点，那么学员所创造的附加价值也会相应增加。

培训的经济效益＝学员参加培训后所产生的附加价值的增加

↓

〈根据直觉进行假设〉

只使用一个事实数据：日本的人均年度附加价值约为 836 万日元。参考《日本劳动生产率趋势 2018》（公益财团法人日本生产性总部）。

假设一位职场人士每年工作 200 天

假设"培训的教育效果＝附加价值增加 1%"

↓

〈计算〉

1 个人 1 天创造的附加价值

836 万日元 ÷200 天，约为 4.2 万日元

↓

根据"培训的教育效果 = 附加价值增加 1%"的假设

增加的附加价值为 420 日元／天

↓

如果有 30 人参加培训，培训后每天

420 日元 × 30 人 =12 600 日元／天

培训的经济效益 = 每天增加 12 600 日元的附加价值

这样，数据资料就完成了。经营者如果想引入培训，就一定会把培训作为一种投资来考虑。既然是投资，他肯定会关注什么时候才能收回成本。

假设购买这项培训服务需要 50 万日元，那么：

500 000 日元 ÷ 12 600 日元 ≈ 39.68

这是一个很简单的计算，我们据此可以判断出，仅需约 40 天就能收回投资成本。

　　如果你只是单纯地建议"这个培训很好，请一定要引入"，是很难令人信服的。因为涉及商业行为，所以用数据来说明其经济效益是非常重要的。这不仅适用于培训行业，对所有的商业行为都适用。实际上，我在建议企业引入培训的时候，也经常像这样通过数据来进行说明。我再重申一遍我的观点：不管是什么工作，都一定会对别人有所帮助，也就可以给别人提供价值。而这种价值一定是可以换算成金钱和数据进行表述的。

用数字说话

我准备的三个练习，大家完成得怎么样？

希望基于假设的思维方式能够成为你的武器。

作为结束语，我对第四章总结如下。

我真心希望我经常向职场人士强调的这些话，能够成为流传百年的名言，一直传承下去。

要想提供无法用数据说明的东西，就必须用数据说话，比如"感动"。"感动"这种珍贵的东西无法用数字来衡量。"心动""安宁""爱"这些东西也一样无法用数字来衡量。

你从事的是什么工作？

建筑师，公务员，自由职业者，部长，团队领导，销售，会计？不，这不是答案。你一定在给别人提供一些"无法用数据说明的东西"。即使你没有为别人直接提供物品，你也一定

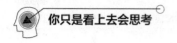

会给别人带来了感动、心动、安宁还有爱，这些都是无法用数据说明的东西。

你从事的是什么工作？

你的工作是为别人提供无法用数据说明的东西，并且要不断地提供。

为此，我们需要做什么呢？

我的答案是，用人性化的、只有人类才能做到的方式去制作数据。

要成为一个更人性化、直觉更敏锐的人，成为一个即使觉得"我不知道"，但最终也能用数据说话的人。也就是要做机器做不到的事情。

这一定会让你在工作上有所改变，给别人提供无法用数据说明的东西，给那些素未谋面的人带去丰富的人生。

这不就是我们作为职场人士最大的喜悦吗？

只有人类，才能丰富人类。

后 记

感谢你一直读到最后。

作为一名专业人士，我能够自信地向大家传达事物的本质，并整理出其精华所在，毫无保留地传授给大家，希望大家也觉得"这些精华已经够用了"。我已经尽己所能，倾囊相授。请大家一定要相信这本书，并且努力获得数字思维能力。

在搁笔之前，我还有一件事要说。

我是一名教育工作者。教育工作者是为了参与他人的成长、丰富他人的人生而存在的。因此，我在写作这本书时，脑中一直想象着未曾谋面的读者，真心希望你们的人生会因此变得更加充实和丰富。

你为什么会拿到这本书？你想在数字思维方面变得更强？或许是这样。但你肯定还有更本质的目的，你真正想要得到的

东西，恐怕不是数字思维能力。

你真正想要的，是作为职场人士的蜕变。

这种蜕变会让你的职业生涯变得更加充实，也会让你的人生焕发光彩。你想改变的不是工作方式，而是自己的人生。因此，你才会遇到这本书。

我之所以会写这本书，正是因为我想让你遇见这本书。顺利的话，你一定能够完成蜕变。

如果这本书让你发生了哪怕些许改变，比如对于你的感受，你挑战过的事情，请务必告诉我，我一定会回复你。

我在这里等你：info@bm-consulting.jp

深泽真太郎

2020 年 1 月吉日